トップクラス問題集　算数　二訂版

広開本　KEEP FLAT BOOK

―見開きの良さを追求した画期的製本システム―

この本は広開本製本を
採用しています。

株式会社リーブルテック

中学入試をめざす

トップクラス問題集

さんすう 小学 1 年

二訂版

文 理
中学入試研究プロジェクト

はじめに

　小学校の算数の勉強は積み重ねです。一箇所つまずくとその先へ進むことが困難になります。ですから，小学校低学年のうちから，数と計算，量と測定，図形，数量関係などどの分野でも，基礎力とその応用力を十分に養う必要があるのです。基礎力については，学校でも力を入れて学習しますが，その応用力や算数的思考力の育成にまでは時間を割く余裕がありません。基礎力さえついていれば応用力や算数的思考力は自然につくかというとそうは言えないのです。中学入試で差がつくのは算数の得点です。そして，応用力・算数的思考力が，中学入試においては問われてくるのです。

　本書は，基礎力がついていることを前提に，応用力・算数的思考力を培うことを目的に作られています。そのために，レベルの高い問題を数多く収録しました。良質の問題・多くのパターンの問題を数多く解くことによって，応用力・算数的思考力を身につけていくことができるのです。

　本書によって培われる応用力・算数的思考力は，中学入試での成功と，実り多き人生を保証します。お子様の輝かしい未来のため，本書を十二分に活用してください。

「中学入試研究プロジェクト」

もくじ

中学入試をめざす **トップクラス問題集** （さんすう1年） 二訂版

1章 10までの かず

1 あつまりと かず 〈1対1対応〉

ねらい　集合の要素の個数(集合数)について，その数え方や1対1対応による比較のしかたを理解させます。この単元では，1つの集合に対して，その集合の観点や条件を的確に認識できるようにしておくことが大切です。

▶ 標準クラス

| 時間 | 15分 | 得点 | /100 | 答え | p.2 |

1 えと おなじ かずだけ ○を ぬりなさい。　5てん×5〔25てん〕

(1)  (2) (3)  (4)  (5)

   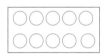 

2 おなじ かずを せんで むすびなさい。　5てん×5〔25てん〕

(1) ・　　・　　・

(2) ・　　・　　・

(3) ・　　・　　・

(4) ・　　・　　・10

(5) ・　　・　　・7

4　1章 10までの かず

3 かずの おおい ほうに ○を つけなさい。 5てん×4〔20てん〕

(1)
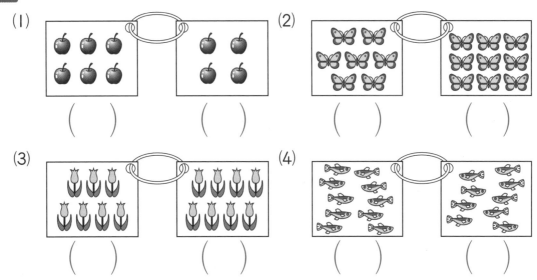

( )   ( )

(2)

( )   ( )

(3)

( )   ( )

(4)

( )   ( )

4 下の えで, 子どもの かずに たりない ものに ×を つけなさい。 5てん×6〔30てん〕

(1)   (2)   (3)   (4)   (5)   (6)

( )   ( )   ( )   ( )   ( )   ( )

1 くだものの　かずを　すう字で　かきなさい。　　4てん×5〔20てん〕

(1) りんご （　　　）　　　(2) レモン （　　　）

(3) みかん （　　　）　　　(4) いちご （　　　）

(5) バナナ （　　　）

2 つぎの　人は　なん人　いますか。　(1)〜(4)4てん×4, (5)〜(6)6てん×2〔28てん〕

〈左〉　　　　　　　　　　　　　　　　　　　　　　　　〈右〉

(1) 右を　むいて　いる　子ども　（　　　）人

(2) ぼうしを　かぶって　いる　子ども　（　　　）人

(3) ぼうしを　かぶって　いない　子ども　（　　　）人

(4) かばんを　もって　いる　子ども　（　　　）人

(5) かばんを　もって　いない　左を　むいて　いる
　　子ども　　　　　　　　　　　　　　　　　　（　　　）人

(6) ぼうしを　かぶって　いて　かばんを　もって　いない
　　子ども　　　　　　　　　　　　　　　　　　（　　　）人

3 ◯と ■が 7つずつに なるように するには, ◯と ■が あ と いくつ あれば よいですか。 6てん×4〔24てん〕

(1)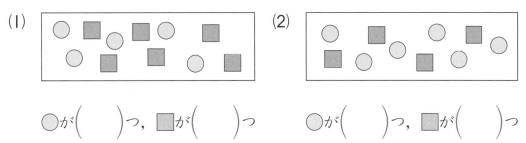

◯が（　　　）つ, ■が（　　　）つ

(2)

◯が（　　　）つ, ■が（　　　）つ

(3)

◯が（　　　）つ, ■が（　　　）つ

(4)

◯が（　　　）つ, ■が（　　　）つ

4 右の えで, おはじきは いくつ あるか こたえなさい。 4てん×7〔28てん〕

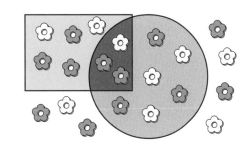

(1) ■の 中の おはじき（　　　）つ

(2) ◯の 中の おはじき（　　　）つ

(3) ■の 中に あって, ◯の 中にも ある おはじき（　　　）つ

(4) ■の そとに ある 白い おはじき（　　　）つ

(5) ◯の そとに ある 青い おはじき（　　　）つ

(6) ◯の 中に あって, ■の そとに ある おはじき（　　　）つ

(7) ■の 中に あって, ◯の そとに ある 青い おはじき（　　　）つ

1 ( )の 中には かずを,〔 〕の 中には くだものの 名まえを かきなさい。

5てん×10〔50てん〕

(1) みかんは りんごより ( )つ おおい。

(2) レモンは みかんより ( )つ すくない。

(3) レモンは 〔   〕より 1つ おおい。

(4) 〔   〕は りんごより 2つ すくない。

(5) ①〔   〕は ②〔   〕より 3つ おおい。

(6) ①〔   〕は ②〔   〕より 4つ すくない。

(7) りんごが 1つ ふえると,〔   〕と おなじ かずに なります。

(8) 〔   〕が 2つ へると, りんごと おなじ かずに なります。

(9) ①〔   〕が 3つ ふえると, ②〔   〕と おなじ かずに なります。

(10) ①〔   〕が 4つ へると, ②〔   〕と おなじ かずに なります。

2 ◯が 7つ，■が 8つ，▲が 9つに なるように するには，な
にが あと いくつ あれば よいですか。　　　　　　　5てん×4〔20てん〕

(1)
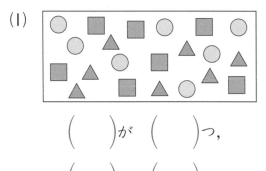

　　　　　　　（　　）が （　　）つ，

　　　　　　　（　　）が （　　）つ

(2)
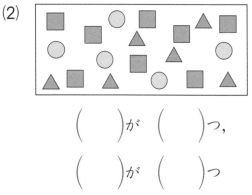

　　　　　　　（　　）が （　　）つ，

　　　　　　　（　　）が （　　）つ

(3)
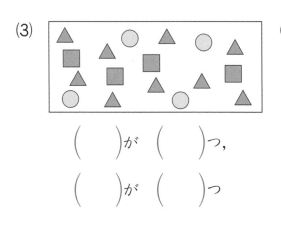

　　　　　　　（　　）が （　　）つ，

　　　　　　　（　　）が （　　）つ

(4)
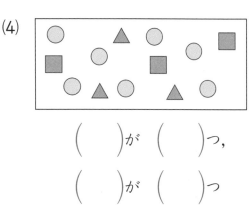

　　　　　　　（　　）が （　　）つ，

　　　　　　　（　　）が （　　）つ

3 右の えで，いくつ あるか こた
えなさい。　　　　　　　5てん×6〔30てん〕

(1) ■の 中の ▲ （　　　）つ

(2) ◯の 中の ☆ （　　　）つ

(3) ■の そとの △ （　　　）つ

(4) ◯の そとの ★ （　　　）つ

(5) ■の そとに あって，◯の 中に ある ☆ （　　　）つ

(6) ◯の そとに あって，■の 中に ある ▲ （　　　）つ

| 時間 | 30分 | 得点 | /100 | 答え | p.3 |

1 えを 見て, もんだいに こたえなさい。　　5てん×10〔50てん〕

(1) ハート(♡)は なんまいですか。　　　　　　　　（　　　）まい

(2) 2から 7までの ダイヤ(◆)は なんまいですか。（　　　）まい

(3) 8から 10までの, スペード(♤)と クラブ(♧)は あわせて
　なんまいですか。　　　　　　　　　　　　　　（　　　）まい

(4) 3から 5までの カードは なんまいですか。　（　　　）まい

(5) 5から 7までの カードは, 8から 10までの カードより
　なんまい おおいですか。　　　　　　　　　　（　　　）まい

(6) 2から 10までの スペードの カードの うち, 上の えに
　ない カードは なんまいですか。　　　　　　　（　　　）まい

(7) 2から 10までの, ハートと ダイヤの カードの うち, 上の
　えに ない カードは なんまいですか。　　　　（　　　）まい

(8) ハートが なんまい ふえると, スペードと おなじ かずに な
　りますか。　　　　　　　　　　　　　　　　　（　　　）まい

(9) クラブが 2まい へると, なんの カードと おなじ かずに
　なりますか。　　　　　　　　　　　　　　　（　　　　　）

(10) ①なんの カードが 3まい ふえると, ②なんの カードと お
　なじ かずに なりますか。　　　　（①　　　　　）, （②　　　　　）

2 えを 見て，もんだいに こたえなさい。　　　5てん×10〔50てん〕

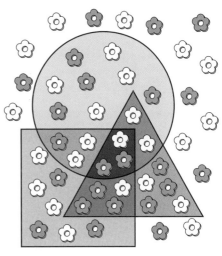

(1) ◻の 中に 青い おはじきは い
くつ ありますか。　　　（　　　）つ

(2) ◯の 中に あって，△の 中にも
ある 白い おはじきは いくつ あ
りますか。　　　　　　（　　　）つ

(3) △の 中に あって，◯の そとに
ある おはじきは いくつ あります
か。　　　　　　　　　（　　　）つ

(4) ◻の 中に あって，△の そとに ある 白い おはじきは い
くつ ありますか。　　　　　　　　　　　　　　（　　　）つ

(5) ◯の 中にも ◻の 中にも あって，△の そとに ある おは
じきは いくつ ありますか。　　　　　　　　　（　　　）つ

(6) ◻の 中にも △の 中にも あって，◯の そとに ある 青い
おはじきは いくつ ありますか。　　　　　　　（　　　）つ

(7) ◯の 中に あって，◻の そとに あり，△の そとにも ある
おはじきは いくつ ありますか。　　　　　　　（　　　）つ

(8) ◻の 中に あって，△の そとに あり，◯の そとにも ある
白い おはじきは いくつ ありますか。　　　　（　　　）つ

(9) △の 中にも ◻の 中にも ある 青い おはじきは，◯の 中に
ある 青い おはじきより いくつ すくないですか。（　　　）つ

(10) ◯の そとにも △の そとにも ある 青い おはじきは，◻の 中
に ある 青い おはじきより いくつ おおいですか。（　　　）つ

2 10までの かず〈個数，数の大小〉

ねらい 10までの数について，その数え方や数の構成，大小，系列などを理解させます。ここでは，数字に対して，その数のイメージをもたせるようにすることが大切です。上の学年で学習する「大きな数」の最も基礎となる単元ですので，十分に理解させておいてください。

▶ 標準クラス

| 時間 | 15分 | 得点 | /100 | 答え | p.4 |

1 いくつ ありますか。□に かずを かきなさい。　　3てん×8〔24てん〕

(1)　　　　　(2)　　　　　(3)　　　　　(4)

(5)　　　　　(6)　　　　　(7)　　　　　(8)

2 大きい ほうに ○を つけなさい。　　4てん×4〔16てん〕

(1)　　　　　(2)　　　　　(3)　　　　　(4)

6　9　　　7　5　　　10　9　　　7　8

( )( )　　( )( )　　( )( )　　( )( )

3 小さい ほうに ○を つけなさい。　　4てん×4〔16てん〕

(1)　　　　　(2)　　　　　(3)　　　　　(4)

7　4　　　8　10　　　6　5　　　9　8

( )( )　　( )( )　　( )( )　　( )( )

4 □に あてはまる かずを かきなさい。　　　　4てん×4〔16てん〕

(1) | 2 | 3 | □ | □ | □ | □ |

(2) | □ | □ | 7 | 8 | □ | □ |

(3) | □ | 4 | 3 | □ | □ | □ |

(4) | □ | □ | □ | 7 | 6 | □ |

5 かずを 大きい じゅんに ならべなさい。　　　　4てん×2〔8てん〕

(1) | 6 | 3 | 1 | 0 | 4 | 2 | 5 |

　　　(□ □ □ □ □ □ □)

(2) | 7 | 4 | 8 | 6 | 10 | 0 | 9 | 2 |

　　　(□ □ □ □ □ □ □ □)

6 つぎの かずを かきなさい。　　　　5てん×4〔20てん〕

(1) 5の 2つ まえの かず　　□

(2) 7の 3つ まえの かず　　□

(3) 3の 5つ あとの かず　　□

(4) 6の 4つ あとの かず　　□

1 いちばん 大きい かずに ○, いちばん 小さい かずに ◇を つけなさい。

5てん×4〔20てん〕

(1) 6 4 7 5

(2) 3 6 5 2 4

(3) 4 9 6 8 3 7

(4) 7 4 3 8 5 6 2

2 ◆, ⬠, ⬡の 中の かずより 小さい かず ぜんぶに ○を つけなさい。

5てん×3〔15てん〕

(1)
5 7
8
9 6

(2)
6 4
5
2 3
7

(3)
5 9
8 7 6
10 4

3 つぎの かずを かきなさい。

5てん×5〔25てん〕

(1) 6より 3 大きい かず

(2) 4より 4 大きい かず

(3) 2より 8 大きい かず

(4) 7より 2 小さい かず

(5) 9より 6 小さい かず

4 □に あてはまる かずを かきなさい。　　　5てん×4〔20てん〕

(1)　| 1 | 3 | ☐ | ☐ | 9 |

(2)　| 10 | ☐ | 6 | 4 | ☐ | ☐ |

(3)　| ☐ | ☐ | 7 | 10 |

(4)　| ☐ | 6 | 3 | ☐ |

5 つぎの もんだいに こたえなさい。　　　5てん×4〔20てん〕

(1) みかんが 3こ あります。6こに するには あと なんこ い
りますか。

　　　　　　　　　　　　　　　　　　　　　　　　　（　　）こ

(2) ボールが 4こ あります。9こに するには あと なんこ い
りますか。

　　　　　　　　　　　　　　　　　　　　　　　　　（　　）こ

(3) りんごが 7こ あります。3こに するには なんこ とれば
よいですか。

　　　　　　　　　　　　　　　　　　　　　　　　　（　　）こ

(4) おはじきが 9こ あります。2こに するには なんこ とれば
よいですか。

　　　　　　　　　　　　　　　　　　　　　　　　　（　　）こ

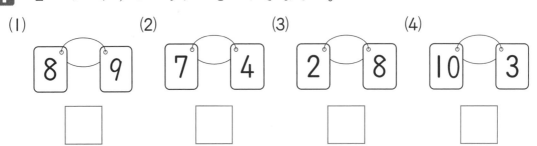
1 2つの かずの ちがいを かきなさい。　　　　　4てん×4〔16てん〕

(1)　　　　　　(2)　　　　　　(3)　　　　　　(4)

| 8　9 | 7　4 | 2　8 | 10　3 |

□　　　　□　　　　□　　　　□

2 つぎの かずを かきなさい。　　　　　4てん×4〔16てん〕

(1)　6の　2つ　まえの　かずの　4つ　あとの　かず　　　□

(2)　3の　5つ　あとの　かずの　3つ　まえの　かず　　　□

(3)　9より　4　小さい　かずより　2　大きい　かず　　　□

(4)　2より　7　大きい　かずより　5　小さい　かず　　　□

3 大きい かずの ほうに ○を つけなさい。　　　　5てん×5〔25てん〕

(1) ┌ 4の　2つ　あとの　かず　　　　　　　　　　　　（　　）
　　└ 7の　1つ　まえの　かずの　2つ　あとの　かず　（　　）

(2) ┌ 10の　6つ　まえの　かず　　　　　　　　　　　　（　　）
　　└ 2の　4つ　あとの　かずの　3つ　まえの　かず　（　　）

(3) ┌ 5より　4　大きい　かず　　　　　　　　　　　　（　　）
　　└ 6より　2　小さい　かずより　3　大きい　かず　（　　）

(4) ┌ 8より　3　小さい　かず　　　　　　　　　　　　（　　）
　　└ 1より　8　大きい　かずより　3　小さい　かず　（　　）

(5) ┌ 9より　6　小さい　かずより　5　大きい　かず　（　　）
　　└ 3より　7　大きい　かずより　1　小さい　かず　（　　）

4 5人は いちごを 9こずつ もらったので, それぞれ いくつか たべました。つぎの もんだいに こたえなさい。 5てん×5〔25てん〕

みさき　　　たくや　　　あやの　　　ひかる　　　けんた

(1) いちばん おおく たべた 人は だれですか。 （　　　　　）

(2) 3ばん目に おおく たべた 人は なんこ たべましたか。

（　　　　　）こ

(3) いちばん おおく のこした 人は だれですか。 （　　　　　）

(4) 2ばん目に おおく のこした 人は なんこ たべましたか。

（　　　　　）こ

(5) いちばん おおく たべた 人は, いちばん おおく のこした 人より なんこ おおく たべましたか。 （　　　　　）こ

5 おはじきを なつみさんは 5こ, あきなさんは 9こ, まりえさん は 4こ もって います。 9てん×2〔18てん〕

(1) なつみさんと あきなさんの もって いる おはじきを おなじ か ずに するには, どちらが どちらに なんこ あげれば よいですか。

（　　　　　）さんが （　　　　　）さんに （　　）こ あげる。

(2) なつみさんと あきなさんと まりえさんの もって いる おは じきを おなじ かずに するには, だれが だれに なんこ あげ れば よいですか。

（　　　　　）さんが （　　　　　）さんに （　　）こ あげて,

（　　　　　）さんが （　　　　　）さんに （　　）こ あげる。

1 ○, □, ◇に あてはまる かずを かきなさい。 5てん×4〔20てん〕

(1) ① — 3 — ② — □ — ○ — 5 — ④ — □

(2) ⑩ — 7 — ⑧ — □ — ○ — 3 — ④ — □

(3) ① — 4 — ◇2 — ③ — □ — ◇ — ○ — 8 — ◇6

(4) ⑩ — 7 — ◇6 — ⑧ — □ — ◇ — ○ — 3 — ◇2

2 □に あてはまる かずを かきなさい。 4てん×8〔32てん〕

(1) 8の 2つ まえの かずは, □の 4つ あとです。

(2) 3の □つ あとの かずは, 10の 3つ まえです。

(3) 7の 5つ まえの かずの □つ あとの かずは, 8です。

(4) □の 4つ あとの かずの 3つ まえの かずは, 6です。

(5) 4より 3 大_{おお}きい かずは, □より 2 小_{ちい}さいです。

(6) 9より □ 小さい かずは, 2より 3 大きいです。

(7) 5より 5 大きい かずより □ 小さい かずは, 4です。

(8) □より 4 小さい かずより 6 大きい かずは, 4より

　　5 大きいです。

3 ○, □, ◇には, それぞれ おなじ かずが 入ります。○, □, ◇ に あてはまる かずを かきなさい。　　　　　4てん×3〔12てん〕

9は, 4と ①○と ②□に わけられます。

10は, 3と ①○と ③◇に わけられます。

8は, 2と ②□と ③◇に わけられます。

①○　②□　③◇

4 10まいの シールを あねと いもうとで わけます。　　　　　8てん×2〔16てん〕

(1) おなじ かずに なるように わけると, なんまいずつに なりますか。

（　　　　　）まいずつ

(2) あねが いもうとより 4まい おおく なるように わけると, それぞれ なんまいに なりますか。

あね（　　　　　）まい, いもうと（　　　　　）まい

5 9この キャンディを あにと おとうとで わけます。おとうと が あにの はんぶんの かずに なるように わけると, それぞれ なんこに なりますか。　　　　　〔10てん〕

あに（　　　　　）こ, おとうと（　　　　　）こ

6 9本の えんぴつを あやさんと みきさんと ゆりさんで わけ ます。あやさんが みきさんより 1本 おおく, みきさんが ゆりさ んより 1本 おおく なるように わけると, それぞれ なん本に なりますか。　　　　　〔10てん〕

あや（　　　　　）本, みき（　　　　　）本, ゆり（　　　　　）本

3 なんばん目 〈順序〉

ねらい　1番, 2番目など, 順序や位置を表すような数を順序数といいます。順序数では, まず基準となる位置と方向(「前から」「左から」など)を明確にすることが大切です。また, 順序数と集合数を混同する場合が多いので, 具体的な場面に即して理解させるようにしてください。

▶ 標準クラス

| 時間 | 15分 | 得点 | /100 | 答え | p.6 |

1 □に あてはまる かずや 名まえを かきなさい。 5てん×5〔25てん〕

〈まえ〉　　　　　　　　　　　　　　　　　　　　　　〈うしろ〉

(1) うさぎは まえから □ ばん目です。

(2) まえから 3ばん目の どうぶつは □ です。

(3) きりんは うしろから □ ばん目です。

(4) うしろから 5ばん目の どうぶつは □ です。

(5) いちばん うしろの どうぶつは, まえから □ ばん目です。

2 えを 見て, もんだいに こたえなさい。 5てん×3〔15てん〕

〈まえ〉　　　　　　　　　　　　　　　　　　　　　　〈うしろ〉

(1) まえから 6だいの 車を □ で かこみなさい。

(2) まえから 9だい目の 車に ○を つけなさい。

(3) うしろから 7だい目の 車に △を つけなさい。

3 □に あてはまる かずや 名まえを かきなさい。 5てん×12〔60てん〕

〈まえ〉 　さやか　よしき　ゆうた　ひろみ　あかり　たけし　めぐみ　つとむ　ふみや　〈うしろ〉

(1) あかりさんは まえから □ ばん目です。

(2) まえから 7ばん目の 子どもは □ さんです。

(3) ひろみさんは うしろから □ ばん目です。

(4) うしろから 8ばん目の 子どもは □ さんです。

(5) まえから 6ばん目の 子どもは, うしろから □ ばん目です。

(6) まえから 5ばん目と うしろから 3ばん目との あいだに いる 子どもは □ さんです。

(7) ちょうど まん中に いる 子どもは □ さんです。

(8) ゆうたさんの うしろには □ 人の 子どもが います。

(9) つとむさんの まえには □ 人の 子どもが います。

(10) まえから 3ばん目と いちばん うしろとの あいだには □ 人の 子どもが います。

(11) まえから 8ばん目と うしろから 7ばん目との あいだには □ 人の 子どもが います。

(12) 上の えで, うしろから 6人を □ で かこみなさい。

1 □に あてはまる かずや 名まえを かきなさい。　6てん×8〔48てん〕

〈左〉　しげき　けんた　みゆき　ちはる　あやの　まこと　しんじ　なおこ　ふゆみ　きよし　〈右〉

(1) 左から 7ばん目の 子どもは ［　　　　　］さんです。

(2) みゆきさんは 右から ［　］ばん目です。

(3) 左から 4ばん目の 子どもは, 右から ［　］ばん目です。

(4) 右から 6ばん目の 子どもの となりに いて かばんを
もって いる 子どもは ［　　　　　］さんです。

(5) ちはるさんの 右には かばんを もって いる 子どもが
［　］人 います。

(6) 左から 8ばん目の 子どもと 右から 9ばん目の 子どもとの
あいだには, かばんを もって いない 子どもが ［　］人 いま
す。

(7) かばんを もって いる 子どもの なかで, 右から 4人目は
［　　　　　］さんです。

(8) かばんを もって いない なかで いちばん 左に いる 子
どもと, かばんを もって いる なかで 右から 2人目の 子ど
もとの あいだには, 子どもが ［　］人 います。

2 あてはまる ものに いろを ぬりなさい。 4てん×4〔16てん〕

(1) 左から 6こ目の りんご

〈左〉  〈右〉

(2) 右から 5この いちご

〈左〉  〈右〉

(3) 左から 4わ目と 右から 3わ目との あいだの ひよこ

〈左〉  〈右〉

(4) 右から 7だい目の 車の となりの 車

〈左〉  〈右〉

3 □に あてはまる かずや 名まえを かきなさい。 6てん×6〔36てん〕

(上)

(1) 上から 5ばん目は ［　　　　　］です。

(2) ねずみは 下から ［　］ばん目です。

(3) 上から 3ばん目の どうぶつは, 下から

［　］ばん目です。

(4) うさぎの 4つ 上に いる どうぶつは

［　　　　　］です。

(5) 下から 8ばん目の 3つ 下に いる

どうぶつは ［　　　　　］です。

(6) 上から 7ばん目と 下から 6ばん目との

あいだには, どうぶつが ［　］びき います。

(下)

1 えを 見て，もんだいに こたえなさい。　　　5てん×9〔45てん〕

〈まえ〉  〈うしろ〉

(1) たかしさんは まえから 5ばん目です。 たかしさんの うしろには ぼうしを かぶった 子どもが なん人 いますか。（　　　）人

(2) ちひろさんは うしろから 8ばん目です。ちひろさんの うしろには かばんを もった 子どもが なん人 いますか。（　　　）人

(3) ちひろさんと まさるさんの あいだには 5人 います。まさるさんは まえから なんばん目ですか。（　　　）ばん目

(4) たかしさんと ゆきえさんの あいだには 4人 います。ゆきえさんと ちひろさんの あいだには ぼうしを かぶった 子どもが なん人 いますか。（　　　）人

(5) たかしさんと ちひろさんの あいだに いる 子どもは，うしろから なんばん目ですか。（　　　）ばん目

(6) たかしさんと まさるさんの あいだに いる かばんを もった 子どもは，まえから なんばん目ですか。（　　　）ばん目

(7) ちひろさんの まえに いる かばんを もった 子どもの まえには，かばんを もった 子どもは なん人 いますか。（　　　）人

(8) ちひろさんの まえに いる ぼうしを かぶった 子どもと ゆきえさんの あいだには，かばんを もった 子どもは なん人 いますか。（　　　）人

(9) たかしさんの まえに いる ぼうしを かぶった 子どもと，うしろに いる ぼうしを かぶった 子どもの ちがいは なん人ですか。（　　　）人

2 えを 見て，もんだいに こたえなさい。 5てん×4〔20てん〕

〈左 (ひだり)〉 〈右 (みぎ)〉

(1) いちばん ひくい ところに ある 青 (あお)い はたは，右 (みぎ)から なんばん目ですか。 （　　）ばん目

(2) 2ばん目に たかい ところに ある 白 (しろ)い はたの 左 (ひだり)には，青い はたは なん本 (ぼん) ありますか。 （　　）本

(3) 2ばん目に ひくい ところに ある 青い はたと，3ばん目に ひくい ところに ある 白い はたの あいだに ある はたは，右から なんばん目ですか。 （　　）ばん目

(4) いちばん ひくい ところに ある 白い はたと，2ばん目に たかい ところに ある 青い はたの あいだには，青い はたは なん本 ありますか。 （　　）本

3 子どもが 10人 1れつに ならんで います。 10てん×2〔20てん〕

(1) てつやさんの すぐ うしろには ななこさんが いて，ななこさんは まえから 4ばん目です。てつやさんは うしろから なんばん目ですか。 （　　）ばん目

(2) かずきさんは まえから 2ばん目，さくらさんは うしろから 3ばん目です。かずきさんと さくらさんの あいだには，子どもは なん人 いますか。 （　　）人

4 子どもが 1れつに ならんで います。さとみさんの まえには 5人 いて，すぐ まえには ゆうたさんが います。ゆうたさんは うしろから 5ばん目です。ならんで いるのは なん人ですか。〔15てん〕

（　　）人

1 つぎの　カードを　見て，もんだいに　こたえなさい。 5てん×9〔45てん〕

| 5 | 8 | 10 | 3 | 4 | 6 | 2 | 9 | 7 |

(1) 左から　3ばん目の　カードと　右から　4ばん目の　カードの，かずの　ちがいを　かきなさい。　　　　　　　　　（　　　　）

(2) 左から　8ばん目の　カードと　かずが　6　ちがう　カードは，右から　なんばん目ですか。　　　　　　　　（　　　）ばん目

(3) かずが　4ばん目に　大きい　カードは，左から　なんばん目ですか。　　　　　　　　　　　　　　　　　　（　　　）ばん目

(4) かずが　5ばん目に　小さい　カードは　右から　なんばん目ですか。　　　　　　　　　　　　　　　　　　　　（　　　）ばん目

(5) 上の　9まいの　カードを，左から　かずが　小さい　じゅんに　ならべかえます。左から　7ばん目の　カードの　かずを　かきなさい。　　　　　　　　　　　　　　　　　　　　　　　　　（　　　　）

(6) 上の　9まいの　カードを，左から　かずが　大きい　じゅんに　ならべかえます。ちょうど　まん中に　ある　カードの　かずを　かきなさい。　　　　　　　　　　　　　　　　　　　　　（　　　　）

(7) 上の　左から　7まいの　カードを　つかって，左から　かずが　小さい　じゅんに　ならべかえます。その　7まいの　うち，左から　6ばん目の　カードの　かずを　かきなさい。　　　　　　（　　　　）

(8) 上の　右から　7まいの　カードを　つかって，左から　かずが　大きい　じゅんに　ならべかえます。その　7まいの　うち，右から　5ばん目の　カードの　かずを　かきなさい。　　　　　　（　　　　）

(9) 上の　まん中の　5まいの　カードを　つかって，左から　かずが　小さい　じゅんに　ならべかえます。その　5まいの　ちょうど　まん中に　ある　カードの　かずを　かきなさい。　　　　　（　　　　）

2 つぎの もんだいに こたえなさい。 7てん×4〔28てん〕

(1) 男の子が 6人 1れつに ならんで います。その うしろに 女の子が 3人 ならびました。まえから 3ばん目の 人の うしろには なん人 いますか。　　（　　）人

(2) 男の子が 5人 1れつに ならんで います。男の子と 男の子の あいだに 女の子が 1人ずつ ならびました。まえから 2ばん目の 人の うしろには なん人 いますか。　　（　　）人

(3) 男の子が 4人 1れつに ならんで います。男の子と 男の子の あいだに 女の子が 2人ずつ ならびました。うしろから 3ばん目の 人の まえには, 女の子が なん人 いますか。　　（　　）人

(4) 女の子が 6人 1れつに ならんで います。女の子 2人と 女の子 2人の あいだに 男の子が 2人ずつ ならびました。いちばん まえの 人と うしろから 4ばん目の 人の あいだには 男の子が なん人 いますか。　　（　　）人

3 子どもが 10人で かけっこを して います。あきらさんは まえから 4ばん目でしたが, 2人を ぬきました。ひとみさんは まえから 6ばん目でしたが, 3人に ぬかれました。 9てん×3〔27てん〕

(1) いま あきらさんは まえから なんばん目ですか。（　　）ばん目

(2) いま あきらさんと ひとみさんの あいだに なん人 いますか。　　（　　）人

(3) ひとみさんは 3人に ぬかれた あとで, 2人を ぬきかえしました。ひとみさんは まえから なんばん目に なりましたか。　　（　　）ばん目

時間 **20**分 得点 /100 答え p.**8**

1 いくつ ありますか。□に かずを かきなさい。 3てん×8〔24てん〕

(1)

(2)

(3)

(4)

(5)

(6)

(7)

(8)

2 □に あてはまる かずを かきなさい。 4てん×4〔16てん〕

(1) ☐ ― ☐ ― 5 ― 6 ― ☐ ― 8 ― ☐

(2) ☐ ― ☐ ― ☐ ― 7 ― ☐ ― 5 ― 4

(3) ☐ ― 3 ― 5 ― ☐ ― ☐

(4) ☐ ― ☐ ― 4 ― 2 ― ☐

3 つぎの かずを かきなさい。 4てん×4〔16てん〕

(1) 8の つぎの かず ☐

(2) 7の まえの かず ☐

(3) 4の 5つ あとの かず ☐

(4) 9の 6つ まえの かず ☐

4 うさぎと ねこの えが かかれて います。

□に あてはまる かずを かきなさい。 (1)4てん,(2)〜(5)5てん×4〔24てん〕

〈左〉 〈右〉

(1) しろい いろで ない ねこは □ ひき います。

(2) しろい いろの うさぎは, 右から □ ばん目です。

(3) いちばん 右の うさぎは, 左から □ ばん目です。

(4) 左から 7ばん目の どうぶつの となりの うさぎは, 右から □ ばん目です。

(5) 右から 7ばん目の どうぶつと 左から 10ばん目の どうぶつとの あいだには, ねこが □ びき います。

5 おはじきが 6こ あります。　　　　　　　　　5てん×2〔10てん〕

(1) 6こを 10こに するには, あと なんこ いりますか。

( )こ

(2) 6こを 1こに するには, なんこ とれば よいですか。

( )こ

6 いちごが 10こ あります。　　　　　　　　　5てん×2〔10てん〕

(1) 10こを 7こに するには, なんこ とれば よいですか。

( )こ

(2) 10こを 2こに するには, なんこ とれば よいですか。

( )こ

1 2つの かずの ちがいを かきなさい。 4てん×4〔16てん〕

(1)　　　　　　　(2)　　　　　　　(3)　　　　　　　(4)

6　5　　　　4　8　　　　7　10　　　　9　2

□　　　　　　□　　　　　　□　　　　　　□

2 つぎの かずを かきなさい。 4てん×4〔16てん〕

(1) 7より 2 大(おお)きい かず □

(2) 8より 5 小(ちい)さい かず □

(3) 4より 3 大きい かずより 2 小さい かず □

(4) 9より 6 小さい かずより 4 大きい かず □

3 □に あてはまる かずを かきなさい。 4てん×5〔20てん〕

(1) 6より □ 大きい かずは, 9です。

(2) □ より 4 小さい かずは, 3です。

(3) 3より 5 大きい かずは, □ より 2 小さいです。

(4) 10より □ 小さい かずは, 3より 3 大きいです。

(5) 5より 4 大きい かずより □ 小さい かずは, 2より

5 大きいです。

4 右の えで, いくつ あるか こたえなさい。 3てん×6〔18てん〕

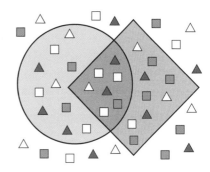

(1) ◯の 中の ■ （　　　）つ

(2) ◆の 中の ▲ （　　　）つ

(3) ◯の そとの △ （　　　）つ

(4) ◆の そとの □ （　　　）つ

(5) ◯の そとに あって ◆の 中に ある ■ （　　　）つ

(6) ◆の そとに あって ◯の 中に ある ▲ （　　　）つ

5 つぎの もんだいに こたえなさい。 6てん×5〔30てん〕

(1) 9まいの いろがみを 3人で おなじ かずに なるように わけると, なんまいずつに なりますか。 （　　　）まいずつ

(2) 子どもが 10人 1れつに ならんで います。まえから 3ばん目の 人の すぐ うしろの 人は, うしろから なんばん目ですか。

（　　　）ばん目

(3) 子どもが 1れつに ならんで います。まえから 4ばん目の 人の すぐ まえの 人は, うしろから 6ばん目です。ならんで いるのは なん人ですか。 （　　　）人

(4) 女の子が 4人 1れつに ならんで います。女の子と 女の子の あいだに 男の 子が 2人ずつ ならびました。まえから 5ばん目の 人は うしろから なんばん目 ですか。

（　　　）ばん目

(5) 子どもが 9人で かけっこを して います。たくやさんは まえから 7ばん目でしたが, 3人を ぬきました。いま, たくやさん の うしろには なん人 いますか。 （　　　）人

1 いくつと いくつ 〈数の合成・分解〉

ねらい　10までの数について，1つの数を他の2つの数の和や差としてとらえさせます。数の合成・分解は，このあとの「たし算」「ひき算」の基本となります。特に，10の合成・分解は，繰り上がりや繰り下がりの計算に不可欠なので，素早くできるようにしておいてください。

▶ 標準クラス

| 時間 | 15分 | 得点 | /100 | 答え | p.10 |

1 あわせて 8に なるように，せんで むすびなさい。

2てん×5〔10てん〕

(1)　(2)　(3)　(4)　(5)

2 あと いくつで 10に なりますか。□に かずを かきなさい。

3てん×4〔12てん〕

(1) □　(2) □

(3) □　(4) □

3 □に あてはまる かずを かきなさい。

3てん×8〔24てん〕

(1) 1と □ で 3　(2) □ と 2で 5

(3) □ と 3で 4　(4) 2と □ で 6

(5) 3と □ で 8　(6) □ と 6で 10

(7) □ と 4で 7　(8) 5と □ で 9

4 わけると, いくつと いくつですか。かくした ●の かずを かき なさい。

3てん×4〔12てん〕

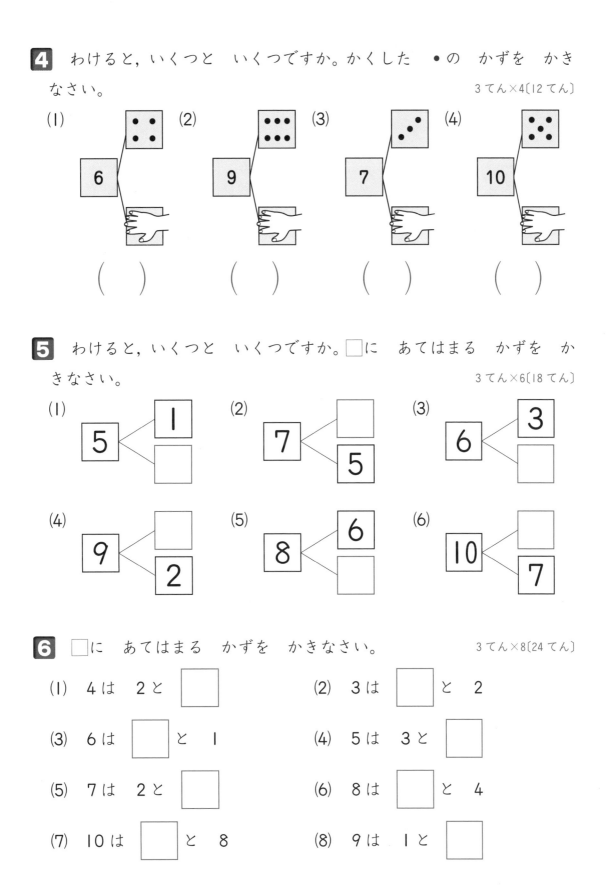

(1) 6 ( )

(2) 9 ( )

(3) 7 ( )

(4) 10 ( )

5 わけると, いくつと いくつですか。□に あてはまる かずを か きなさい。

3てん×6〔18てん〕

(1) 5 ← 1 / □

(2) 7 ← □ / 5

(3) 6 ← 3 / □

(4) 9 ← □ / 2

(5) 8 ← 6 / □

(6) 10 ← □ / 7

6 □に あてはまる かずを かきなさい。

3てん×8〔24てん〕

(1) 4は 2と □　　(2) 3は □と 2

(3) 6は □と 1　　(4) 5は 3と □

(5) 7は 2と □　　(6) 8は □と 4

(7) 10は □と 8　　(8) 9は 1と □

1 3つの かずを あわせて 9に なるように, せんで むすびなさい。

(1), (2)2てん (3), (4), (5)3てん〔13てん〕

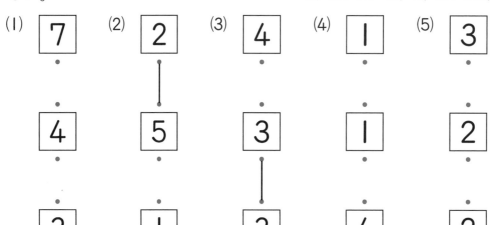

(1) 7 (2) 2 (3) 4 (4) 1 (5) 3

4 5 3 1 2

3 1 3 4 2

2 あと いくつで 10に なりますか。□に かずを かきなさい。

3てん×4〔12てん〕

(1) ⚁ と ⚄ と □   (2) ⚂ と ⚂ と □

(3) ⚃ と ⚀ と □   (4) ⚀ と ⚁ と □

3 □に あてはまる かずを かきなさい。

3てん×8〔24てん〕

(1) 1と 2と □ で 5   (2) 1と □ と 2で 4

(3) □ と 2と 3で 7   (4) 1と 2と □ で 6

(5) 2と □ と 4で 8   (6) □ と 3と 3で 8

(7) 1と 3と □ で 9   (8) 2と □ と 5で 9

4 3つに わけると, いくつと いくつと いくつですか。□に あて
はまる かずを かきなさい。　　　　　　　　　3てん×9〔27てん〕

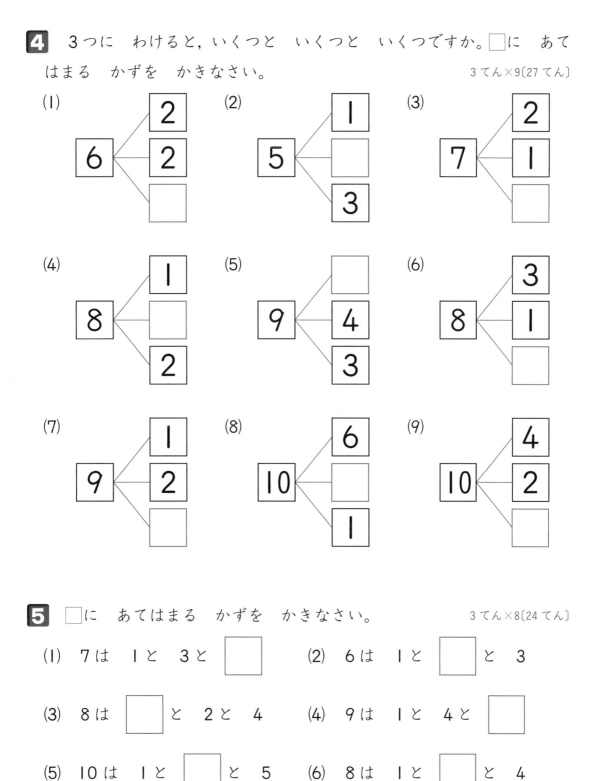

(1) 6 → 2, 2, □

(2) 5 → 1, □, 3

(3) 7 → 2, 1, □

(4) 8 → 1, □, 2

(5) 9 → □, 4, 3

(6) 8 → 3, 1, □

(7) 9 → 1, 2, □

(8) 10 → 6, □, 1

(9) 10 → 4, 2, □

5 □に あてはまる かずを かきなさい。　　　3てん×8〔24てん〕

(1) 7は 1と 3と □　　　(2) 6は 1と □ と 3

(3) 8は □ と 2と 4　　　(4) 9は 1と 4と □

(5) 10は 1と □ と 5　　　(6) 8は 1と □ と 4

(7) 9は □ と 2と 5　　　(8) 10は 2と 2と □

ハイクラスB

時間 **25**分　得点 /100　答え p.11

1 上の □ の 3つの かずを あわせて 下の □ の かずに なるように, □に かずを かきなさい。

3てん×6〔18てん〕

(1)

(2)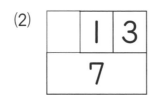

(3)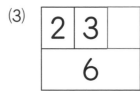

(4)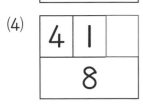

(5)

（6）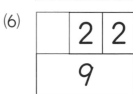

2 あと いくつで 10に なりますか。□に かずを かきなさい。

3てん×6〔18てん〕

(1) 2 と 3 と □

(2) 1 と 2 と 4 と □

(3) 5 と 1 と □

(4) 1 と 6 と 1 と □

(5) 3 と 4 と □

(6) 2 と 2 と 2 と □

3 □に あてはまる かずを かきなさい。

4てん×4〔16てん〕

(1) 2と 3と 1と □ で 9

(2) 3と □ と 2と 1で 8

(3) 1と 3と 1と 2と □ で 9

(4) 2と 1と □ と 1と 3で 10

4 □の かずを 4つや 5つや 6つに わけます。○, ◇は, それぞれ おなじ かずに なります。○, ◇に あてはまる かずを かきなさい。0は つかいません。 　　　　　　　　　　　　　　4てん×5〔20てん〕

(1) 6 ⟶ ○ と ◇ と ◇ と ◇

(2) 7 ⟶ ○ と ○ と ○ と ◇ と ◇

(3) 8 ⟶ ○ と ○ と ○ と ◇ と ◇

(4) 9 ⟶ ○ と ○ と ◇ と ◇ と ◇

(5) 9 ⟶ ○ と ○ と ○ と ◇ と ◇ と ◇

5 □に あてはまる かずを かきなさい。 　　　4てん×7〔28てん〕

(1) 8は 3と 1と 2と □

(2) 9は 2と □ と 1と 2

(3) 8は 1と 3と □ と 1と 2

(4) 9は □ と 1と 2と 2と 1

(5) 10は 1と □ と 1と 3と 2

(6) 9は 1と 2と 1と □ と 2と 1

(7) 10は 2と 1と □ と 1と 2と 1

1 □の かずを 2つや 3つに わけて いきます。□に あては
まる かずを かきなさい。0は つかいません。　　10てん×2〔20てん〕

(1)　　　　　　　　　　　　　　(2)

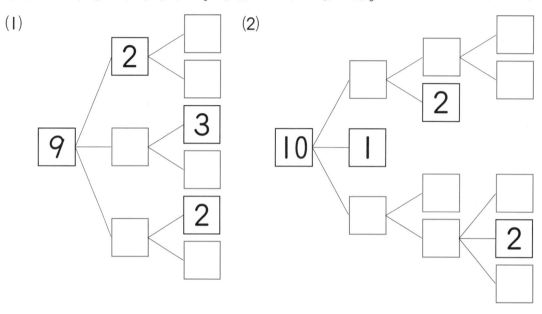

2 10この いちごを 3つの さらに, かずが ぜんぶ ちがうよう
に わけます。どんな わけかたが ありますか。□に かずを かき
なさい。0は つかいません。　　4てん×4〔16てん〕

① □ こと □ こと □ こ　② □ こと □ こと □ こ

③ □ こと □ こと □ こ　④ □ こと □ こと □ こ

3 10この りんごを ゆきなさんと えりかさんと ひかりさんの
3人で わけます。ゆきなさんは えりかさんより 1こ おおく, ひ
かりさんより 2こ すくなく なるように します。どのように わ
ければ よいですか。　　〔12てん〕

ゆきな (　　　　　)こ, えりか (　　　　　)こ, ひかり (　　　　　)こ

4 ケーキが 10こ あります。

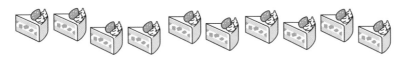

(1) 2つの はこに おなじ かずずつ のこらないように 入れると,
1つの はこには なんこ 入りますか。

（　　　　）こ

(2) 3つの はこに のこらないように 入れます。1つの はこに
4こ, のこりの 2つの はこに おなじ かずずつ 入れると, の
こりの 1つの はこには なんこ 入りますか。

（　　　　）こ

(3) 4つの はこに のこらないように 入れます。2つの はこに
1こずつ, のこりの 2つの はこに おなじ かずずつ 入れると,
のこりの 1つの はこには なんこ 入りますか。

（　　　　）こ

(4) 5人に おなじ かずずつ のこらないように くばると, 1人に
は なんこ くばれますか。

（　　　　）こ

5 10この おかしを たけしさんと かずやさんと あきらさんの
3人に のこらないように くばります。あきらさんは たけしさんよ
り 1こ すくなく なるように します。どんな くばりかたが あ
りますか。4つ かきなさい。

① たけし（　　　　）こ, かずや（　　　　）こ, あきら（　　　　）こ

② たけし（　　　　）こ, かずや（　　　　）こ, あきら（　　　　）こ

③ たけし（　　　　）こ, かずや（　　　　）こ, あきら（　　　　）こ

④ たけし（　　　　）こ, かずや（　　　　）こ, あきら（　　　　）こ

2 10までの たしざん〈たし算の意味〉

ねらい 合併や増加などの場面について，たし算の意味と計算のしかたを理解させます。「あわせて」「ぜんぶで」「ふえると」などのキーワードに注意して，立式させるようにしてください。また，設問が複雑な場合は，図に表して考えると数の関係がとらえやすくなります。

標準クラス

| 時間 | 15分 | 得点 | /100 | 答え | p.12 |

1 あわせると いくつに なりますか。　4てん×6〔24てん〕

(1)  と 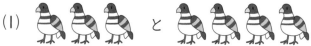　 わ

(2) 　 こ

(3) 　 こ

(4) 　 ひき

(5) 　 こ

(6)  と 　 こ

2 えと あう たしざんを せんで むすびなさい。　4てん×4〔16てん〕

(1) 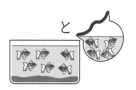　(2) 　(3) 　(4)

| 6＋3 | 7＋3 | 7＋1 | 6＋4 |

3 たしざんと こたえが あう ものを せんで むすびなさい。

4 てん×5〔20 てん〕

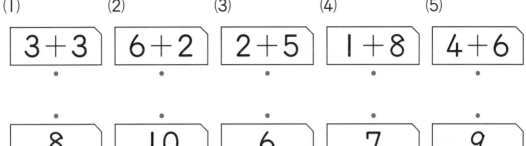

(1) 3+3　(2) 6+2　(3) 2+5　(4) 1+8　(5) 4+6

8　10　6　7　9

4 たしざんを しなさい。

2 てん×12〔24 てん〕

(1) 2+3　　(2) 1+6　　(3) 2+4

(4) 3+5　　(5) 2+7　　(6) 4+3

(7) 8+2　　(8) 4+4　　(9) 0+7

(10) 9+1　　(11) 3+6　　(12) 3+7

5 赤い おはじきが 5こ, 青い おはじきが 3こ あります。
おはじきは あわせて なんこ ありますか。〔8 てん〕
〔しき〕

こたえ （　　　　　）

6 こうえんで 子どもが 6人 あそんで います。4人 あそびに
きました。子どもは みんなで なん人に なりましたか。〔8 てん〕
〔しき〕

こたえ （　　　　　）

1 まん中の かずと まわりの かずを たしなさい。　6てん×2〔12てん〕

(1)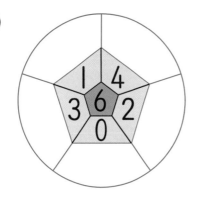

(2)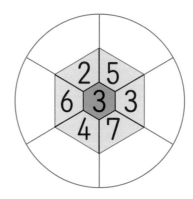

2 こたえが おなじに なる ものを せんで むすびなさい。

3てん×5〔15てん〕

(1) | (2) | (3) | (4) | (5)

| 2＋6 | 4＋3 | 1＋9 | 5＋1 | 3＋6 |

| 2＋8 | 7＋1 | 4＋2 | 0＋9 | 2＋5 |

3 つぎの カードを つくりなさい。　8てん×3〔24てん〕

(1) こたえが 9に なる カード

① 5＋□　② 8＋□　③ □＋3　④ □＋7

(2) こたえが 8に なる カード

① 1＋□　② 4＋□　③ □＋2　④ □＋5

(3) こたえが 10に なる カード

① 5＋□　② 2＋□　③ □＋7　④ □＋4

4 □に あてはまる かずを かきなさい。 3てん×8〔24てん〕

(1) 2+□=7   (2) 1+□=6

(3) □+5=8   (4) □+3=9

(5) 4+□=10   (6) 2+□=8

(7) □+7=9   (8) □+2=10

5 ひろしさんは なわとびを して，1かい目は 4かい とびました。2かい目は 1かい目より 3かい おおく，3かい目は 2かい目より 2かい おおく とびました。3かい目は なんかい とびましたか。 〔8てん〕

〔しき〕

こたえ （   ）

6 みかんを きのう 3こ，きょう 2こ たべたので，のこりが 4こに なりました。みかんは はじめ なんこ ありましたか。〔8てん〕

〔しき〕

こたえ （   ）

7 かだんに，赤い 花が 4本，白い 花が 赤い 花より 2本 おおく さいて います。あわせて なん本 さいて いますか。〔9てん〕

〔しき〕

こたえ （   ）

1 あわせると なんこに なりますか。　　　　　4てん×3〔12てん〕

(1) と  と 　　 こ

(2)  と  と 　　 こ

(3) と と 　　 こ

2 たしざんと こたえが あう ものを せんで むすびなさい。

4てん×4〔16てん〕

(1)	(2)	(3)	(4)
3+1+4	1+4+5	4+3+2	2+2+3

9	7	10	8

3 たしざんを しなさい。　　　　　　　　4てん×8〔32てん〕

(1) 1+2+4　　　　　　(2) 3+1+5

(3) 3+4+1　　　　　　(4) 2+5+3

(5) 4+2+3　　　　　　(6) 3+3+4

(7) 2+1+3+2　　　　　(8) 1+3+2+4

4 えみさんは えんぴつを 5本 もって います。おにいさんから 3本, おねえさんから 1本 もらいました。あわせて なん本に なりましたか。 〔10てん〕

〔しき〕

こたえ （　　　　　　）

5 金ぎょすくいを して, ゆうたさんは 3びき, おとうとは 2ひき すくいました。おとうさんは ゆうたさんより 2ひき おおく すくいました。3人 あわせて なんびき すくいましたか。 〔10てん〕

〔しき〕

こたえ （　　　　　　）

6 きょうしつに 男の子が 3人, 女の子が 男の子より 2人 おおく います。ぜんいん が 1人 1つずつ いすに すわったら, いすは 1つ あまりました。いすは はじめ いくつ ありましたか。 〔10てん〕

〔しき〕

こたえ （　　　　　　）

7 ハンカチを ちひろさんは 2まい もって います。まりえさん は ちひろさんより 1まい おおく, なおこさんより 2まい すく なく もって います。3人 あわせて なんまい もって いますか。

〔しき〕 〔10てん〕

こたえ （　　　　　　）

>>> トップクラス

1 こたえが おなじに なる ものを せんで むすびなさい。

5てん×4〔20てん〕

(1)　　　　　(2)　　　　　(3)　　　　　(4)

| 2＋1＋5 | 2＋3＋2 | 3＋6＋1 | 2＋5＋2 |

| 3＋1＋3 | 2＋3＋4 | 3＋2＋3 | 5＋3＋2 |

2 □に あてはまる かずを かきなさい。

3てん×8〔24てん〕

(1)　2＋1＋□＝5

(2)　3＋□＋2＝6

(3)　□＋1＋3＝7

(4)　1＋4＋□＝9

(5)　2＋□＋2＝8

(6)　□＋2＋5＝10

(7)　1＋4＋2＋□＝9

(8)　3＋□＋1＋2＝10

3 まさしさんと みなよさんが じゃんけんを 4かい しました。
かつと 3てん, あいこは 2てん, まけると 1てんに なります。
それぞれ ぜんぶで なんてんに なりますか。

8てん×2〔16てん〕

	1かい目	2かい目	3かい目	4かい目
まさしさん	パー	グー	チョキ	チョキ
みなよさん	チョキ	グー	パー	グー

〔しき〕

こたえ　まさし（　　　　　）, みなよ（　　　　　）

4 きょう かぜで 学校を 休んだ 人は, 1くみと 2くみでは 1人ずつでした。3くみでは 2くみより 2人 おおく, 4くみより 2人 すくなかったそうです。1くみから 4くみまで あわせて なん人 休みましたか。〔12てん〕

〔しき〕

こたえ（　　　　　　）

5 おりがみを ゆうかさんは いもうとに 2まい あげ, あやのさんは いもうとに 2まい, おとうとに 1まい あげました。のこりの おりがみは, ゆうかさんが 2まいで, あやのさんより 1まい すくないそうです。ゆうかさんと あやのさんは, はじめ おりがみを あわせて なんまい もって いましたか。〔12てん〕

〔しき〕

こたえ（　　　　　　）

6 まさみさんと ゆうやさんは さいころなげの ゲームを 8かい しました。出た 目の かずが 大きい ほうが かちで, ⚀か⚁が 出て かつと 3てん, ⚂か⚄か⚅が 出て かつと 2てん, おなじ 目が 出ると ひきわけで 1てん, まけると 0てんに なります。それぞれ ぜんぶで なんてんに なりますか。 8てん×2〔16てん〕

	1かい目	2かい目	3かい目	4かい目	5かい目	6かい目	7かい目	8かい目
まさみさん	⚄	⚂	⚂	⚁	⚄	⚁	⚅	⚄
ゆうやさん	⚂	⚂	⚅	⚀	⚄	⚂	⚅	⚄

〔しき〕

こたえ まさみ（　　　　　　）, ゆうや（　　　　　　）

3 10までの　ひきざん〈ひき算の意味〉

ねらい 求残や求差などの場面について，ひき算の意味と計算のしかたを理解させます。「のこりは」「ちがいは」「どちらが多い」などのキーワードに注意して，立式させてください。たし算と同様に，設問が複雑な場合は，まず図に表して考えさせるようにしてください。

▶ 標準クラス

| 時間 | 15分 | 得点 | /100 | 答え | p.14 |

1 ちがいは　いくつに　なりますか。　　　4てん×6〔24てん〕

(1) 　　□ わ

(2) 　　□ 本

(3) 　　□ びき

(4) 　　□ 本

(5) 　　□ こ

(6) と　　□ こ

2 えと　あう　ひきざんを　せんで　むすびなさい。　　4てん×4〔16てん〕

(1)  たべる 　　・　　・  $7-3$

(2)  とぶ　　・　　・ 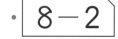 $8-2$

(3)  とる　　・　　・ $5-2$

(4)  かえる 　　・　　・ 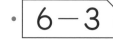 $6-3$

3 ひきざんと こたえが あう ものを せんで むすびなさい。

4 てん×5〔20 てん〕

(1)　　　　(2)　　　　(3)　　　　(4)　　　　(5)

| $8-5$ | $9-2$ | $8-4$ | $10-4$ | $7-2$ |

| 6 | 3 | 5 | 7 | 4 |

4 ひきざんを しなさい。

2 てん×12〔24 てん〕

(1)　$5-1$　　　　(2)　$7-4$　　　　(3)　$6-1$

(4)　$9-5$　　　　(5)　$8-7$　　　　(6)　$10-6$

(7)　$6-4$　　　　(8)　$5-0$　　　　(9)　$8-3$

(10)　$7-7$　　　　(11)　$10-3$　　　　(12)　$9-6$

5 とんぼを 9ひき つかまえました。そのうち 4ひき にげて しまいました。とんぼは なんびき のこって いますか。　〔8てん〕

〔しき〕

こたえ（　　　　　）

6 あめが 7こ, クッキーが 10こ あります。クッキーは あめよ り なんこ おおいですか。　〔8てん〕

〔しき〕

こたえ（　　　　　）

1 まん中の かずから まわりの かずを ひきなさい。6てん×2〔12てん〕

(1)

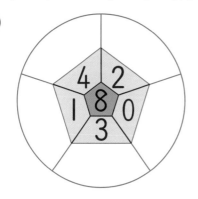

(2)

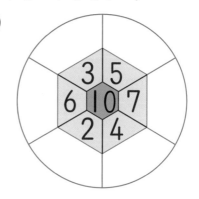

2 こたえが おなじに なる ものを せんで むすびなさい。

3てん×5〔15てん〕

(1)　　　　(2)　　　　(3)　　　　(4)　　　　(5)

| 9−6 | 7−2 | 6−0 | 5−1 | 10−3 |

| 6−2 | 9−3 | 7−4 | 8−1 | 9−4 |

3 つぎの カードを つくりなさい。8てん×3〔24てん〕

(1) こたえが 2に なる カード

① 4−□　② 9−□　③ □−5　④ □−8

(2) こたえが 4に なる カード

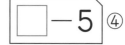

① 7−□　② 10−□　③ □−4　④ □−2

(3) こたえが 3に なる カード

① 6−□　② 8−□　③ □−7　④ □−4

4 □に あてはまる かずを かきなさい。 3てん×8〔24てん〕

(1) 9−□=3

(2) 8−□=2

(3) □−2=5

(4) □−5=4

(5) 10−□=9

(6) 6−□=6

(7) □−1=8

(8) □−3=7

5 なおきさんの おにいさんは 10さいです。なおきさんは おにい さんより 3さい 年下で，おとうとより 4さい 年上です。おとう とは なんさいですか。 〔8てん〕

〔しき〕

こたえ (　　　　　)

6 りんごと なしと みかんが あります。りんごは なしより 2 こ すくないです。また，みかんは 9こ あって，なしより 3こ おおいです。りんごは なんこ ありますか。 〔8てん〕

〔しき〕

こたえ (　　　　　)

7 ひとみさんは おはじきを いもうとに 3こ，おとうとに なん こか あげたので，のこりは 4こに なりました。ひとみさんは は じめ おはじきを 9こ もって いたそうです。おとうとに なんこ あげましたか。 〔9てん〕

〔しき〕

こたえ (　　　　　)

1 のこりは なんこに なりますか。 4てん×3〔12てん〕

(1) ➡   と   こ

(2)  ➡   と   こ

(3)  ➡ と    こ

2 ひきざんと こたえが あう ものを せんで むすびなさい。

4てん×4〔16てん〕

(1) $7-3-1$

(2) $10-2-3$

(3) $9-1-4$

(4) $8-4-2$

| 4 | 2 | 5 | 3 |

3 ひきざんを しなさい。 4てん×8〔32てん〕

(1) $6-1-2$ (2) $7-2-4$

(3) $9-4-3$ (4) $8-3-1$

(5) $10-6-2$ (6) $9-2-2$

(7) $8-2-3-2$ (8) $10-3-4-1$

4 赤と 青と きいろの いろがみが あわせて 10まい あります。赤は 5まい あって, 青は 赤より 2まい すくないです。きいろの いろがみは なんまい ありますか。 〔10てん〕

〔しき〕

こたえ （　　　　　　）

5 ドーナツが 8こ, クッキーが 9こ あります。ドーナツを 3こ, クッキーを 4こ たべ, その あとで, おとうとに ドーナツを 2こ, クッキーを 3こ あげました。のこりは どちらが なんこ おおいですか。 〔10てん〕

〔しき〕

こたえ （　　　　　　）が （　　　　　　）こ おおい。

6 きょうしつに 男の子が 5人, 女の子が なん人か います。ぜんいんに えんぴつを 1本ずつ くばると, 2本 のこりました。えんぴつは くばる まえに 10本 ありました。きょうしつに いる 男の子と 女の子は どちらが なん人 おおいですか。 〔10てん〕

〔しき〕

こたえ （　　　　　　）が （　　　　　　）人 おおい。

7 たつやさんが もって いる シールは 9まいで, おとうとより 3まい おおく, いもうとは おとうとより 2まい すくないです。また, おにいさんは いもうとより 6まい おおいです。おにいさんは シールを なんまい もって いますか。 〔10てん〕

〔しき〕

こたえ （　　　　　　）

1 こたえが おなじに なる ものを せんで むすびなさい。

5 てん×4〔20 てん〕

(1) | 9−5−2 |　(2) | 7−3−1 |　(3) | 10−2−4 |　(4) | 8−1−2 |

・　　　　　　・　　　　　　・　　　　　　・

・　　　　　　・　　　　　　・　　　　　　・

| 8−2−3 |　| 10−1−4 |　| 7−3−2 |　| 9−4−1 |

2 □に あてはまる かずを かきなさい。

3 てん×8〔24 てん〕

(1) 6−2−□＝3

(2) 7−□−1＝2

(3) □−3−4＝2

(4) 8−4−□＝1

(5) 10−□−5＝4

(6) □−1−6＝3

(7) 9−2−1−□＝2

(8) 10−□−2−4＝1

3 たて，よこ，ななめの どの 3つの かずを たしても 9に なるように します。空いて いる □に あてはまる かずを かきなさい。

8 てん×2〔16 てん〕

(1)

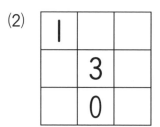

2		3
	3	

(2)

1		
	3	
	0	

4 りんごが 8こ，かきが 9こ，みかんが 10こ あったので，き
のう りんごを 2こ，みかんを 4こ たべました。きょうは りん
ごを 1こ，かきを 3こ たべ，その あとで おとなりに かきを
2こ，みかんを 3こ あげました。のこって いる りんごと かき
と みかんの うち，いちばん おおい ものと いちばん すくない
ものでは なんこ ちがいますか。　　　　　　　　　　　　〔12てん〕
〔しき〕

こたえ （　　　　　　　）

5 バスに おきゃくさんが 6人 のって いました。1つ目の バ
スていで 3人 おりて なん人か のって きました。2つ目の バ
スていで 4人 おりて 2人 のって きました。3つ目の バスて
いで だれも おりずに 3人 のって きて，おきゃくさんは 8人
に なりました。1つ目の バスていで なん人 のって きましたか。
〔しき〕　　　　　　　　　　　　　　　　　　　　　　　　〔12てん〕

こたえ （　　　　　　　）

6 ひろきさんと えりかさんは コインなげの ゲームを 5かい
しました。おもてと うらが 出た ときは，おもてが 出た ほうが
3てん，うらが 出た ほうが 0てんに なります。おもてと おも
てが 出た ときは 2てんずつ，うらと うらが 出た ときは 1
てんずつに なります。それぞれ あと なんてんで 10てんに な
りますか。　　　　　　　　　　　　　　　　　　　8てん×2〔16てん〕

	1かい目	2かい目	3かい目	4かい目	5かい目
ひろきさん	おもて	おもて	うら	うら	おもて
えりかさん	うら	おもて	おもて	うら	うら

〔しき〕

こたえ　ひろき（　　　　　　），えりか（　　　　　　）

1 2つに わけると, いくつと いくつですか。また, 3つに わける と, いくつと いくつと いくつですか。□に あてはまる かずを かきなさい。

3てん×6〔18てん〕

(1)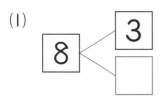

(2)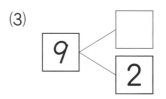

(3)

(4)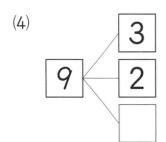

(5)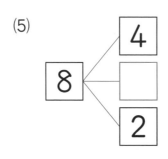

(6)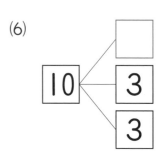

2 たしざんを しなさい。

2てん×9〔18てん〕

(1) 1+5 　　　(2) 6+2 　　　(3) 3+4

(4) 6+3 　　　(5) 5+5 　　　(6) 1+7

(7) 5+2 　　　(8) 4+5 　　　(9) 7+3

3 ひきざんを しなさい。

2てん×9〔18てん〕

(1) 4-1 　　　(2) 5-2 　　　(3) 6-4

(4) 7-3 　　　(5) 6-0 　　　(6) 9-3

(7) 8-8 　　　(8) 9-2 　　　(9) 10-7

4 □に あてはまる かずを かきなさい。 3てん×8〔24てん〕

(1) 2+□=8

(2) 5+□=7

(3) □+4=9

(4) □+6=10

(5) 7-□=4

(6) 5-□=5

(7) □-2=6

(8) □-6=3

5 うさぎが 7ひき います。りすが 9ひき います。どちらが な
んびき おおいですか。 〔6てん〕

〔しき〕

こたえ （　　　　　　）が （　　　　　　）ひき おおい。

6 赤い おはじきが 3こ，青い おはじきが 赤い おはじきより
2こ おおく あります。あわせて なんこ ありますか。 〔8てん〕

〔しき〕

こたえ （　　　　　　）

7 えみさんは おりがみを 9まい もって います。あやさんは
えみさんより 2まい すくなく，りかさんより 3まい おおく も
って います。りかさんは なんまい もって いますか。 〔8てん〕

〔しき〕

こたえ （　　　　　　）

1 上の □の 3つや 4つの かずを あわせて 下の □の か

ずに なるように, □に かずを かきなさい。　　4てん×3〔12てん〕

(1)
1	2	
8		

(2)
3	2	
9		

(3)
4	2	1	
10			

2 たしざんを しなさい。　　2てん×6〔12てん〕

(1) 1＋3＋4

(2) 2＋4＋3

(3) 4＋2＋4

(4) 3＋1＋5

(5) 1＋2＋4＋2

(6) 2＋3＋1＋4

3 ひきざんを しなさい。　　2てん×6〔12てん〕

(1) 8－2－3

(2) 7－1－4

(3) 9－3－1

(4) 10－4－2

(5) 9－1－2－4

(6) 10－2－3－2

4 けいさんを しなさい。　　3てん×6〔18てん〕

(1) 4＋5－3

(2) 7＋3－6

(3) 9－4＋2

(4) 10－7＋5

(5) 5＋3－4＋1

(6) 8－5＋6－2

5 9この くりを 3つの さらに, かずが ぜんぶ ちがうように わけます。どんな わけかたが ありますか。□に かずを かきなさい。0は つかいません。 4てん×3〔12てん〕

① □こと □こと □こ ② □こと □こと □こ

③ □こと □こと □こ

6 あさみさんは, えんぴつを 5本 もって いました。おとうさんと おかあさんから 2本ずつ もらい, おとうとに 3本, いもうとに なん本か あげたので, のこりは 4本に なりました。あさみさんは いもうとに なん本 あげましたか。 〔10てん〕

〔しき〕

こたえ （   ）

7 はちが 7ひき, ちょうが 6ぴき 花に とまって います。そこ へ はちと ちょうが 3びきずつ やって きて とまりました。し ばらくして, はちが 4ひき, ちょうが なんびきか とびたって い き, いま はちが ちょうより 2ひき おおく とまって います。 ちょうは なんびき とびたって いきましたか。 〔12てん〕

〔しき〕

こたえ （   ）

8 でん車に おきゃくさんが なん人か のって いました。1つ目 の えきで 2人 おりて 3人 のって きて, 2つ目の えきで 3人 おりて 1人 のって きました。3つ目の えきで 1人 お りて 4人 のって きて, おきゃくさんは 9人に なりました。お きゃくさんは はじめ なん人 のって いましたか。 〔12てん〕

〔しき〕

こたえ （   ）

1 20までの かず 〈20までの数，数直線〉

 ねらい　20までの数について，その数え方や数の構成，大小，系列などを理解させます。数を「10と（端数が）いくつ」のように，「10のまとまりと1位数」ととらえさせることが大切です。また，繰り上がりや繰り下がりのない「10いくつ＋いくつ，10いくつ－いくつ」の計算もさせます。

標準クラス

| 時間 | 15分 | 得点 | /100 | 答え | p.18 |

1 いくつ ありますか。□に かずを かきなさい。　　4てん×3〔12てん〕

(1) 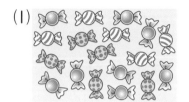　　(2) 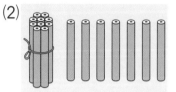　　(3)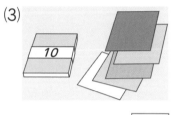

2 □に あてはまる かずを かきなさい。　　3てん×8〔24てん〕

(1) 10と 3で □　　(2) 10と 9で □

(3) 10と □ で 14　　(4) □ と 6で 16

(5) 12は 10と □　　(6) 17は 10と □

(7) 18は □ と 8　　(8) □ は 10と 10

3 □に あてはまる かずを かきなさい。　　3てん×6〔18てん〕

(1) 10＋2＝□　　(2) 10＋8＝□　　(3) 10＋7＝□

(4) 15－5＝□　　(5) 13－3＝□　　(6) 19－9＝□

4 大きい ほうに ○を つけなさい。　　3てん×4〔12てん〕

(1)　　　　　　(2)　　　　　　(3)　　　　　　(4)

| 10 | 11 |　| 16 | 14 |　| 17 | 20 |　| 19 | 18 |

(　)(　)　(　)(　)　(　)(　)　(　)(　)

5 □に あてはまる かずを かきなさい。　　3てん×4〔12てん〕

(1)　□ — □ — 12 — □ — 14 — 15 — □

(2)　□ — □ — 18 — 17 — □ — 15

(3)　8 — 10 — □ — 14 — □ — □ — □

(4)　□ — □ — 14 — 12 — □ — 8 — □

6 かずを 大きい じゅんに ならべなさい。　　5てん×2〔10てん〕

(1)　(14　18　10　15　11)　(□ □ □ □ □)

(2)　(12　16　20　13　17　19)　(□ □ □ □ □ □)

7 つぎの かずを かきなさい。　　3てん×4〔12てん〕

(1)　10より 3 大きい かず　　□

(2)　15より 1 大きい かず　　□

(3)　14より 4 小さい かず　　□

(4)　20より 2 小さい かず　　□

時間 **20**分　得点 ／100　答え p.18

1 いちばん 大<ruby>大<rt>おお</rt></ruby>きい かずに ○, いちばん 小<ruby>小<rt>ちい</rt></ruby>さい かずに △を
つけなさい。　　　　　　　　　　　　　　5てん×2〔10てん〕

(1) | 11 | 15 | 10 | 16 | 18 |

　　( )( )( )( )( )

(2) | 17 | 12 | 19 | 14 | 20 | 13 |

　　( )( )( )( )( )( )

2 つぎの かずを かきなさい。　　　　　　4てん×4〔16てん〕

(1) 12より 4 大きい かず 　□

(2) 13より 6 大きい かず 　□

(3) 17より 3 小さい かず 　□

(4) 20より 7 小さい かず 　□

3 あわせて 20に なるように, せんで むすびなさい。

　　　　　　　　　　　　　　　　　　　2てん×5〔10てん〕

(1) 15　(2) 13　(3) 17　(4) 14　(5) 16

　3　　6　　5　　4　　7

4 □に あてはまる かずを かきなさい。　3てん×6〔18てん〕

(1) 12＋5＝□　　(2) 16＋3＝□　　(3) 11＋7＝□

(4) 15－2＝□　　(5) 17－4＝□　　(6) 19－6＝□

5 □に あてはまる かずを かきなさい。　4てん×4〔16てん〕

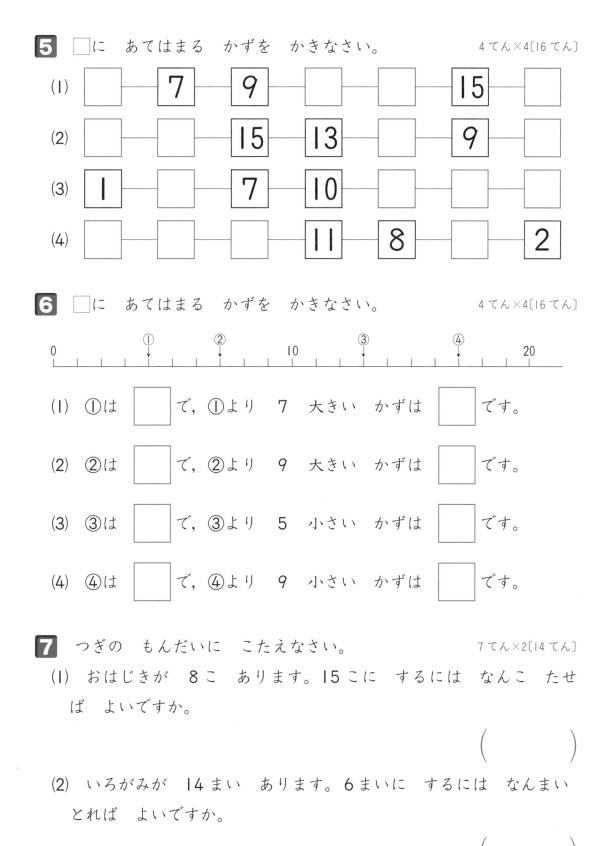

(1) □―7―9―□―□―15―□

(2) □―□―15―13―□―9―□

(3) 1―□―7―10―□―□―□

(4) □―□―□―11―8―□―2

6 □に あてはまる かずを かきなさい。　4てん×4〔16てん〕

0 ① ② 10 ③ ④ 20

(1) ①は □で，①より 7 大きい かずは □です。

(2) ②は □で，②より 9 大きい かずは □です。

(3) ③は □で，③より 5 小さい かずは □です。

(4) ④は □で，④より 9 小さい かずは □です。

7 つぎの もんだいに こたえなさい。　7てん×2〔14てん〕

(1) おはじきが 8こ あります。15こに するには なんこ たせば よいですか。

(　　　)

(2) いろがみが 14まい あります。6まいに するには なんまい とれば よいですか。

(　　　)

<table>
<tr><td>時間</td><td>25分</td><td>得点</td><td>/100</td><td>答え</td><td>p.19</td></tr>
</table>

1 2つの かずの ちがいを かきなさい。　　　　3てん×4〔12てん〕

(1)　　　　　　(2)　　　　　　(3)　　　　　　(4)

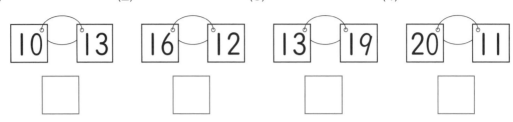

2 □に あてはまる かずを かきなさい。　　　　3てん×4〔12てん〕

(1) 11より □ 大きい かずは 15です。

(2) □ より 6 大きい かずは 18です。

(3) 18より □ 小さい かずは 13です。

(4) □ より 7 小さい かずは 12です。

3 □に あてはまる かずを かきなさい。　　　　4てん×2〔8てん〕

(1) 10が 1こと 1が 4こで □ です。

(2) 10が 1こと 1が □ こで 17です。

4 □に あてはまる かずを かきなさい。　　　　3てん×6〔18てん〕

(1) 11+3+4=□　　　　　　(2) 12+5+3=□

(3) 18-2-5=□　　　　　　(4) 19-3-4=□

(5) 15+4-6=□　　　　　　(6) 17-5+7=□

5 □に あてはまる かずを かきなさい。　　　4てん×4〔16てん〕

(1) [　]─[6]─[10]─[　]─[　]

(2) [　]─[　]─[11]─[7]─[　]

(3) [4]─[9]─[　]─[　]

(4) [　]─[　]─[7]─[1]

6 つぎの かずを ぜんぶ かきなさい。　　　4てん×4〔16てん〕

(1) 12より 大きくて 18より 小さい かず

　　　（　　　　　　　　　　　　　　）

(2) 8より 大きくて 15より 小さい かず

　　　（　　　　　　　　　　　　　　）

(3) 13より 小さくて 5より 大きい かず

　　　（　　　　　　　　　　　　　　）

(4) 20より 小さくて 9より 大きい かず

　　　（　　　　　　　　　　　　　　）

7 つぎの もんだいに こたえなさい。　　　6てん×3〔18てん〕

(1) 10円玉が 1こ, 5円玉が 1こ, 1円玉が 2こ あります。ぜ
んぶで なん円に なりますか。　　　　　（　　　　　）

(2) 5円玉と 1円玉が 3こずつ あります。ぜんぶで なん円に
なりますか。　　　　　　　　　　　　　（　　　　　）

(3) 5円玉が 1こと 1円玉が なんこか あって, ぜんぶで 14
円に なります。1円玉は なんこ ありますか。　（　　　　　）

時間 **30**分 | 得点 /100 | 答え **p.19**

1 つぎの かずを かきなさい。 4てん×5〔20てん〕

(1) 13より 6 大_{おお}きい かずより 2 小_{ちい}さい かず

(2) 18より 5 小さい かずより 7 大きい かず

(3) 9より 3 大きい かずより 8 小さい かず

(4) 16より 9 小さい かずより 6 大きい かず

(5) 5と 19の ちょうど まん中_{なか}に なる かず

2 □の かずを おなじ かずずつ 2つや 3つに わけると, いくつずつに なりますか。□に かずを かきなさい。 4てん×4〔16てん〕

(1)　　　　(2)　　　　(3)　　　　(4)

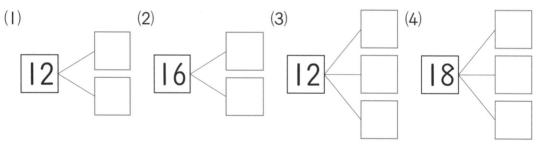

3 □に あてはまる かずを かきなさい。 4てん×6〔24てん〕

(1) 13+2+□=18　　(2) □+3+4=20

(3) 19-4-□=11　　(4) □-1-5=12

(5) 14+□-7=13　　(6) □-6+3=16

4 ひとしさんは シールを 5まい もって いて, おねえさんが もって いる シールの ちょうど はんぶんです。また, おねえさん が もって いる シールは おにいさんが もって いる シールの ちょうど はんぶんです。おにいさんは シールを なんまい もって いますか。　　　　　　　　　　　　　　　　　　　　　〔12てん〕

$$(\qquad\qquad)$$

5 20この おはじきを あゆみさんと まりえさんと ゆきこさんの 3人で わけます。あゆみさんは まりえさんより 2こ おおく, ゆ きこさんより 1こ すくなく なるように します。どのように わければ よいですか。　　　　　　　　　　　　　　　　　　　〔12てん〕

あゆみ $(\qquad)$ こ, まりえ $(\qquad)$ こ, ゆきこ $(\qquad)$ こ

6 18この あめを てつやさんと ひできさんと とおるさんの 3 人に のこらないように くばります。3人とも すくない ときでも 3こは もらえるように して, てつやさんは とおるさんより 2こ すくなく なるように します。どんな くばりかたが ありますか。 4つ かきなさい。　　　　　　　　　　　　　　　　4てん×4〔16てん〕

① てつや $(\qquad)$ こ, ひでき $(\qquad)$ こ, とおる $(\qquad)$ こ

② てつや $(\qquad)$ こ, ひでき $(\qquad)$ こ, とおる $(\qquad)$ こ

③ てつや $(\qquad)$ こ, ひでき $(\qquad)$ こ, とおる $(\qquad)$ こ

④ てつや $(\qquad)$ こ, ひでき $(\qquad)$ こ, とおる $(\qquad)$ こ

2 20までの　たしざん〈繰り上がりのあるたし算〉

ねらい 1位数どうしの繰り上がりのあるたし算のしかたを理解させます。たす数かたされる数のどちらかを分解して，10のまとまりをつくるという考え方を身につけさせます。ここでの計算は，上の学年で学習する「たし算の筆算」の基礎となるので，確実にできるようにしてください。

▶ 標準クラス

時間 15分　得点 /100　答え p.20

1 □に　あてはまる　かずを　かきなさい。　　　4てん×5〔20てん〕

(1) 8+4 の　けいさん

8に　□　を　たして　10

10と　□　で　(こたえ) □

(2) 6+7 の　けいさん

6に　□　を　たして　10

10と　□　で　(こたえ) □

(3) 9+5 の　けいさん

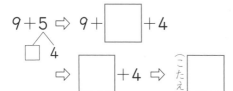

(4) 3+8 の　けいさん

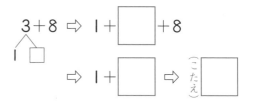

(5) 7+9 の　けいさん

7+9 ⇨ 7+□+6 ⇨ □+6 ⇨ (こたえ) □

2 たしざんと　こたえが　あう　ものを　せんで　むすびなさい。

4てん×5〔20てん〕

(1)	(2)	(3)	(4)	(5)
7+5	8+8	9+4	6+8	9+6

13	15	12	16	14

3 たしざんを しなさい。 3 てん×12〔36 てん〕

(1) 9+2

(2) 8+5

(3) 3+9

(4) 4+7

(5) 6+6

(6) 9+7

(7) 7+6

(8) 6+9

(9) 8+6

(10) 8+9

(11) 7+8

(12) 9+9

4 あわせて なん本に なりますか。 5 てん×2〔10 てん〕

(1) 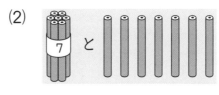 (2)

〔しき〕 　　　　　　　　　　　　　　　〔しき〕

こたえ （　　　　　） 　　　　こたえ （　　　　　）

5 つみ木で, いえを つくるのに 6こ つかいました。車を つくる
のに 8こ つかいました。あわせて なんこ つかいましたか。
〔しき〕 〔7 てん〕

こたえ （　　　　　）

6 水そうに めだかが 7ひき います。あとから 9ひき 入れま
した。めだかは なんびきに なりましたか。 〔7 てん〕
〔しき〕

こたえ （　　　　　）

ハイクラスA

時間 **20**分　得点 　　/100　答え **p.20**

 1 まん中の　かずと　まわりの　かずを　たしなさい。　6てん×2〔12てん〕

(1)

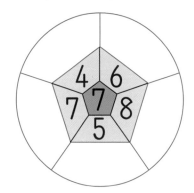

(2)

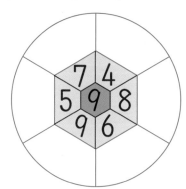

2 こたえが　おなじに　なる　ものを　せんで　むすびなさい。

3てん×5〔15てん〕

(1)　　　　　(2)　　　　　(3)　　　　　(4)　　　　　(5)

| 8＋4 | 6＋9 | 4＋7 | 6＋8 | 4＋9 |

| 6＋5 | 5＋9 | 8＋7 | 5＋8 | 6＋6 |

 3 つぎの　カードを　つくりなさい。　8てん×3〔24てん〕

(1) こたえが　12に　なる　カード

① 8＋□　　② 3＋□　　③ □＋7

(2) こたえが　14に　なる　カード

① 5＋□　　② □＋7　　③ 8＋□

(3) こたえが　13に　なる　カード

① □＋8　　② 6＋□　　③ 9＋□

4 □に あてはまる かずを かきなさい。 3てん×8〔24てん〕

(1) 6+□=12

(2) 3+□=11

(3) □+5=14

(4) □+9=13

(5) 8+□=15

(6) 7+□=16

(7) □+9=18

(8) □+8=17

5 はるかさんは 7さいです。おねえさんは はるかさんより 5さい 年上で, おにいさんは おねえさんより 6さい 年上だそうです。おにいさんは なんさいですか。 〔8てん〕

〔しき〕

こたえ （　　　　　）

6 おりがみを 4まい つかい, いもうとに 3まい あげたので, のこりが 9まいに なりました。おりがみは はじめ なんまい ありましたか。 〔8てん〕

〔しき〕

こたえ （　　　　　）

7 けんじさんは 本を きのう 8ページ よみ, きょうは きのうより 4ページ おおく よみました。あわせて なんページ よみましたか。 〔9てん〕

〔しき〕

こたえ （　　　　　）

ハイクラスB

| 時間 | 25分 | 得点 | /100 | 答え | p.21 |

1 □に あてはまる かずを かきなさい。　3てん×4〔12てん〕

(1) 5+3+6 の けいさん

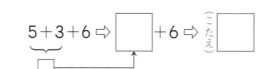

(2) 2+7+8 の けいさん

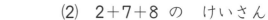

(3) 7+6+5 の けいさん

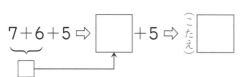

(4) 9+8+3 の けいさん

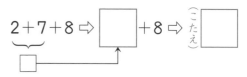

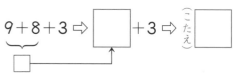

2 たしざんと こたえが あう ものを せんで むすびなさい。

4てん×4〔16てん〕

(1)　　　　(2)　　　　(3)　　　　(4)

| 4+5+9 | 8+6+6 | 3+9+7 | 6+7+4 |

| 19 | 17 | 20 | 18 |

3 たしざんを しなさい。　4てん×8〔32てん〕

(1) 1+6+8

(2) 3+5+6

(3) 5+8+3

(4) 7+9+4

(5) 2+4+3+5

(6) 4+1+7+6

(7) 6+8+3+2

(8) 9+3+5+3

4 こうえんで 子どもが 7人 あそんで います。6人 きました。
しばらくして また 4人 きました。子どもは みんなで なん人に
なりましたか。 〔10てん〕

〔しき〕

こたえ （　　　　　）

5 なしを 6こ，りんごを 5こ かい，みかんは なしより 3こ
おおく かいました。ぜんぶで なんこ かいましたか。 〔10てん〕

〔しき〕

こたえ （　　　　　）

6 女の子が 7人，男の子が 女の子より
2人 おおく います。みんなに おかしを
1こずつ くばったら，おかしは 3こ あま
りました。おかしは はじめ なんこ ありま
したか。 〔10てん〕

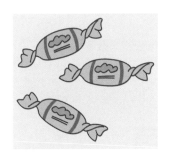

〔しき〕

こたえ （　　　　　）

7 どんぐりを けんたさんは 4こ ひろいました。まさるさんは け
んたさんより 3こ おおく，よしきさんより 2こ すくなく ひろ
いました。3人 あわせて なんこ ひろいましたか。 〔10てん〕

〔しき〕

こたえ （　　　　　）

▶▶▶ トップクラス

1 こたえが おなじに なる ものを せんで むすびなさい。

5てん×4〔20てん〕

(1) 　　　　　(2) 　　　　　(3) 　　　　　(4)

$$\boxed{5+3+9}$$ 　 $$\boxed{7+8+4}$$ 　 $$\boxed{6+5+7}$$ 　 $$\boxed{8+4+8}$$

・ 　　　　　・ 　　　　　・ 　　　　　・

・ 　　　　　・ 　　　　　・ 　　　　　・

$$\boxed{3+8+7}$$ 　 $$\boxed{9+7+4}$$ 　 $$\boxed{8+4+5}$$ 　 $$\boxed{4+9+6}$$

2 □に あてはまる かずを かきなさい。

3てん×8〔24てん〕

(1) $2+6+\boxed{}=15$ 　　　　(2) $3+\boxed{}+5=16$

(3) $\boxed{}+7+4=17$ 　　　　(4) $8+6+\boxed{}=19$

(5) $6+\boxed{}+7=20$ 　　　　(6) $\boxed{}+9+3=18$

(7) $2+4+9+\boxed{}=19$ 　　(8) $3+\boxed{}+5+4=20$

3 ひろしさんたちは じゃんけんを 5かい しました。1人だけ かった ときは その 人が 7てん，2人が かった ときは その 2人が 5てんずつ，あいこは 3てん，まけた ときは 2てんに なります。それぞれ ぜんぶで なんてんに なりますか。

5てん×3〔15てん〕

	1かい目	2かい目	3かい目	4かい目	5かい目
ひろしさん	パー	グー	チョキ	グー	チョキ
まさとさん	チョキ	グー	パー	グー	チョキ
なおやさん	パー	チョキ	グー	パー	チョキ

〔しき〕

こたえ　ひろし(　　　　　)，まさと(　　　　　)，なおや(　　　　　)

4 こうていに，1くみの 子どもが 3人，2くみの 子どもが 1くみの 子どもより 1人 おおく います。また，3くみの 子どもが 4くみの こどもより 1人 すくなく，2くみの 子どもより 2人 おおく います。1くみから 4くみまで あわせて なん人 いますか。

〔しき〕　　　　　　　　　　　　　　　　　　　　　　　　　　　〔12 てん〕

こたえ （　　　　　　　　）

5 男の子が 1れつに ならんで います。ゆうやさんの まえには 6人 いて，わたるさんは うしろから 9ばん目です。また，ゆうやさんと わたるさんの あいだには 3人 います。みんなで なん人 ならんで いますか。

〔14 てん〕

〔しき〕

こたえ （　　　　　　） または （　　　　　　）

6 りえさんたちは 玉を とり出す ゲームを 4かい しました。赤い 玉と 青い 玉と 白い 玉が 2こずつ 入って いる ふくろの 中から 玉を 2こ とり出します。おなじ いろの 玉を とり出した とき 6てん，ちがう いろの 玉を とり出した とき，赤い玉が あれば 4てん，なければ 3てんに なります。それぞれ ぜんぶで なんてんに なりますか。5 てん×3〔15 てん〕

〔しき〕

	1かい目	2かい目	3かい目	4かい目
りえさん	赤・白	赤・赤	白・青	青・白
ゆみさん	青・白	青・青	赤・赤	白・赤
あやさん	青・赤	白・青	赤・青	白・白

こたえ　りえ（　　　　　），ゆみ（　　　　　），あや（　　　　　）

3 20までの ひきざん〈繰り下がりのあるひき算〉

ねらい 11〜18から1位数をひく繰り下がりのあるひき算のしかたを理解させます。ひかれる数を「10といくつ」に分けて、その10からひくという考え方を身につけさせます。ここでの計算は、上の学年で学習する「ひき算の筆算」の基礎となるので、確実にできるようにしてください。

▶ 標準クラス

| 時間 | 15分 | 得点 | /100 | 答え | p.22 |

1 □に あてはまる かずを かきなさい。　　　　4てん×5〔20てん〕

(1) 13−8の けいさん

　10から 8を ひいて □

　□ と 3で （こたえ）□

(2) 15−6の けいさん

　10から 6を ひいて □

　□ と 5で （こたえ）□

(3) 12−4の けいさん

12−4 ⇨ 10−□+2
 ╱╲
 10 2

　⇨ □+2 ⇨ （こたえ）□

(4) 17−9の けいさん

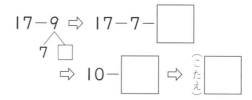

17−9 ⇨ 17−7−□
 ╱╲
 7 □

　⇨ 10−□ ⇨ （こたえ）□

(5) 14−7の けいさん

14−7 ⇨ 10−□+4 ⇨ □+4 ⇨ （こたえ）□

2 ひきざんと こたえが あう ものを せんで むすびなさい。

4てん×5〔20てん〕

(1) | 11−5 |　　(2) | 16−8 |　　(3) | 12−7 |　　(4) | 13−6 |　　(5) | 14−5 |
　・　　　　　　　・　　　　　　　　・　　　　　　　　・　　　　　　　　・

　　・　　　　　　・　　　　　　　・　　　　　　　・　　　　　　　・
| 5 |　　　| 7 |　　　| 9 |　　　| 6 |　　　| 8 |

3 ひきざんを しなさい。 3てん×12〔36てん〕

(1) 11−9   (2) 12−8   (3) 15−7

(4) 12−6   (5) 14−9   (6) 11−8

(7) 15−8   (8) 13−4   (9) 15−9

(10) 14−6   (11) 12−5   (12) 16−7

4 ちがいは なん本に なりますか。 5てん×2〔10てん〕

(1)   (2)

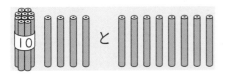   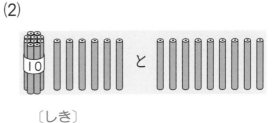

〔しき〕   〔しき〕

こたえ （　　　　　）   こたえ （　　　　　）

5 水そうに 金ぎょが 13びき います。べつの 水そうに 7ひき うつしました。金ぎょは なんびき のこって いますか。 〔7てん〕

〔しき〕

こたえ （　　　　　）

6 なわとびで，みさとさんは 8かい，おねえさんは 17かい とび ました。みさとさんは おねえさんより なんかい すくないですか。

〔しき〕 〔7てん〕

こたえ （　　　　　）

1 まん中の かずから まわりの かずを ひきなさい。 6てん×2[12てん]

(1)
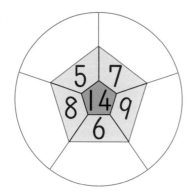

(2)
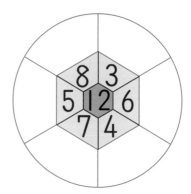

2 こたえが おなじに なる ものを せんで むすびなさい。

3てん×5[15てん]

(1) $11-6$ (2) $15-8$ (3) $13-7$ (4) $15-6$ (5) $17-9$

$13-6$ $16-7$ $13-8$ $11-3$ $15-9$

3 つぎの カードを つくりなさい。 8てん×3[24てん]

(1) こたえが 8に なる カード

① $16-\square$ ② $13-\square$ ③ $\square-7$

(2) こたえが 7に なる カード

① $11-\square$ ② $\square-9$ ③ $14-\square$

(3) こたえが 9に なる カード

① $\square-8$ ② $13-\square$ ③ $18-\square$

4 □に あてはまる かずを かきなさい。 3 てん×8〔24 てん〕

(1) $11 - \boxed{} = 2$ (2) $13 - \boxed{} = 5$

(3) $\boxed{} - 7 = 6$ (4) $\boxed{} - 9 = 3$

(5) $17 - \boxed{} = 8$ (6) $11 - \boxed{} = 4$

(7) $\boxed{} - 8 = 7$ (8) $\boxed{} - 7 = 9$

5 赤い いろがみが 16まい あります。青い いろがみは 赤い いろがみより 3まい すくなく, きいろい いろがみより 6まい おおいです。きいろい いろがみは なんまい ありますか。 〔8 てん〕
〔しき〕

こたえ（　　　　　）

6 りんごが 木に 18こ なって いました。きの う 5こ, きょう なんこか とりました。まだ り んごは 木に 7こ のこって います。きょう な んこ とりましたか。 〔8 てん〕
〔しき〕

こたえ（　　　　　）

7 子どもが 19人で かけっこを して います。さとしさんは ま えから 8ばん目でしたが, 4人に ぬかれました。いま さとしさん の うしろに なん人 いますか。 〔9 てん〕
〔しき〕

こたえ（　　　　　）

ハイクラスB

時間 **25**分 | 得点 /100 | 答え **p.23**

1 □に あてはまる かずを かきなさい。 4てん×6〔24てん〕

(1) 16−4−7 の けいさん
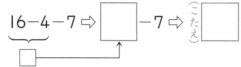

(2) 19−5−8 の けいさん
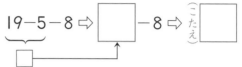

(3) 13−6−4 の けいさん

$$13-6-4 \Rightarrow \boxed{} -4 \Rightarrow \text{(こたえ)} \boxed{}$$

(4) 17−9−6 の けいさん

$$17-9-6 \Rightarrow \boxed{} -6 \Rightarrow \text{(こたえ)} \boxed{}$$

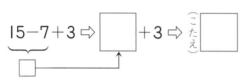

(5) 15−7+3 の けいさん

$$15-7+3 \Rightarrow \boxed{} +3 \Rightarrow \text{(こたえ)} \boxed{}$$

(6) 12+4−9 の けいさん
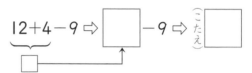

2 けいさんを しなさい。 3てん×12〔36てん〕

(1) 17−2−8
(2) 18−5−7
(3) 14−7−3
(4) 15−6−4
(5) 19−3−5−6
(6) 16−4−7−3
(7) 18−9−2−4
(8) 20−7−6−5
(9) 12−8+7
(10) 13+4−8
(11) 16−7+3−6
(12) 12+6−9+7

3 おかしが 17こ ありました。きのう 8こ たべ, きょうは きのうより 3こ すくなく たべました。おかしは なんこ のこっていますか。 〔10てん〕

〔しき〕

こたえ （ 　　　　　　 ）

4 19人の 子どもが 1れつに ならんで います。みゆきさんは まえから 7ばん目です。はるなさんの うしろには 5人 います。みゆきさんと はるなさんの あいだには なん人 いますか。〔10てん〕

〔しき〕

こたえ （ 　　　　　　 ）

5 きょうしつに 男の子が 7人, 女の子が なん人か います。ぜんいんに えんぴつを 1本ずつ くばろうと しましたが, 3本 たりませんでした。えんぴつは ぜんぶで 16本 あります。きょうしつに いる 男の子と 女の子は どちらが なん人 おおいですか。〔10てん〕

〔しき〕

こたえ （ 　　　　　 ）が （ 　　　　　 ）人 おおい。

6 バスに なん人か のって いました。1つ目の バスていで 4人 おりて 8人 のって きました。2つ目の バスていで 6人 おりて 9人 のって きたので, バスに のって いる 人は 20人に なりました。はじめ バスに なん人 のって いましたか。

〔しき〕 〔10てん〕

こたえ （ 　　　　　　 ）

>>> トップクラス

時間 **30**分　得点 /100　答え **p.23**

1 こたえが おなじに なる ものを せんで むすびなさい。

(1)　　　　　　(2)　　　　　　(3)　　　　　　(4)

$13-7-1$　　$17-8-6$　　$19-5-8$　　$16-9-3$

・　　　　　　・　　　　　　・　　　　　　・

・　　　　　　・　　　　　　・　　　　　　・

$14-6-2$　　$20-7-9$　　$15-8-4$　　$18-6-7$

2 □に あてはまる かずを かきなさい。

3 てん×8〔24 てん〕

(1)　$15-3-\boxed{}=4$　　　　　(2)　$17-\boxed{}-5=3$

(3)　$\boxed{}-5-6=7$　　　　　(4)　$13-4-\boxed{}=6$

(5)　$14-7+\boxed{}=16$　　　　(6)　$11-\boxed{}+7=9$

(7)　$12+\boxed{}-7=9$　　　　(8)　$\boxed{}+4-9=8$

3 たて, よこ, ななめの どの 3つの かずを たしても おなじ かずに なるように します。空いて いる □に あてはまる かず を かきなさい。

8 てん×2〔16 てん〕

(1)
3	ア	イ
4	5	ウ
エ	オ	カ

(2)
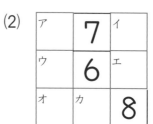

4 ゆきこさんは かぞく 5人で くりひろいに いきました。ゆきこさんは 9こ ひろいました。おかあさんは いもうとより 8こ おおく, おとうさんより 6こ すくなく ひろいました。おとうとは ゆきこさんより 3こ おおく, おとうさんより 7こ すくなく ひろいました。いもうとは なんこ ひろいましたか。 〔12てん〕

〔しき〕

こたえ （　　　　　）

5 女の子が 20人 1れつに ならんで います。あきなさんは まえから 9ばん目で, あきなさんと ちえみさんの あいだには 4人 います。ちえみさんは うしろから なんばん目ですか。 〔14てん〕

〔しき〕

こたえ （　　　　　）または（　　　　　）

6 まさやさんと かおりさんは, ⓪, ①, ②, ③, ④, ⑤, ⑥, ⑦の 8 まいの カードで カードめくりの ゲームを 4かい しました。ひいた カードの かずが 大きい ほうが かちで, かった 人の てんすうは 2人が ひいた カードを あわせた かずに なります。まけた 人は 0てんに なります。ぜんぶの てんすうは どちらが なんてん おおいですか。

〔しき〕　〔14てん〕

	1かい目	2かい目	3かい目	4かい目
まさやさん	②	③	⑤	④
かおりさん	⑥	⓪	⑦	①

こたえ （　　　　　）が（　　　　　）てん おおい。

3 20までの ひきざん　**83**

復習テスト**A** 3章

時間 20分　得点 ／100　答え p.24

1 かずを 小さい じゅんに ならべなさい。　　5てん×2〔10てん〕

(1) （ 18　12　15　11　17 ）　（ ☐ ☐ ☐ ☐ ☐ ）

(2) （ 16　20　14　19　13　10 ）　（ ☐ ☐ ☐ ☐ ☐ ☐ ）

2 ☐に あてはまる かずを かきなさい。　　5てん×3〔15てん〕

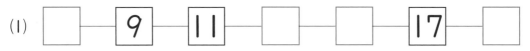

(1) ☐ ― 9 ― 11 ― ☐ ― ☐ ― 17 ― ☐

(2) ☐ ― 5 ― 8 ― ☐ ― 14 ― ☐ ― ☐

(3)

3 たしざんを しなさい。　　2てん×9〔18てん〕

(1) 6＋5　　　(2) 4＋8　　　(3) 7＋7

(4) 9＋4　　　(5) 8＋7　　　(6) 6＋8

(7) 6＋7　　　(8) 9＋8　　　(9) 7＋9

4 ひきざんを しなさい。　　2てん×9〔18てん〕

(1) 11－7　　　(2) 12－5　　　(3) 14－8

(4) 15－6　　　(5) 13－8　　　(6) 16－9

(7) 17－9　　　(8) 14－7　　　(9) 18－9

5 □に あてはまる かずを かきなさい。 2てん×8〔16てん〕

(1)　5+□=12

(2)　7+□=13

(3)　□+6=15

(4)　□+9=14

(5)　12−□=8

(6)　15−□=7

(7)　□−6=6

(8)　□−8=9

6 こうえんに すずめが 9わ, はとが 13わ います。どちらが
なんわ おおいですか。 〔6てん〕

〔しき〕

こたえ （　　　　　）が （　　　　　）わ おおい。

7 みかんを 12こ かいました。かきは みかんより 5こ すくな
く かいました。あわせて なんこ かいましたか。 〔8てん〕

〔しき〕

こたえ （　　　　　）

8 ゆうたさんは えんぴつを 9本 もって います。しんじさんは
ゆうたさんより 4本 おおく, さとるさんより 5本 すくなく も
って います。さとるさんは なん本 もって いますか。 〔9てん〕

〔しき〕

こたえ （　　　　　）

1 □に あてはまる かずを かきなさい。　　　　4 てん×5〔20 てん〕

(1) 12 より □ 大きい かずは 15 です。

(2) □ より 5 小さい かずは 13 です。

(3) 10 が 1 こと 1 が □ こで 16 です。

(4) 17 より 大きくて 20 より 小さい かずは □ と □ です。

(5) 7 と 15 の ちょうど まん中に なる かずは □ です。

2 たしざんを しなさい。　　　　3 てん×4〔12 てん〕

(1) 4+3+9　　　　　　　　(2) 6+8+5

(3) 2+7+4+6　　　　　　(4) 3+5+8+4

3 ひきざんを しなさい。　　　　3 てん×4〔12 てん〕

(1) 16-3-8　　　　　　　(2) 14-5-6

(3) 19-4-3-7　　　　　　(4) 20-2-9-5

4 けいさんを しなさい。　　　　3 てん×4〔12 てん〕

(1) 12+5-8　　　　　　　(2) 15-7+4

(3) 13+2-6+8　　　　　　(4) 17-9+7-9

5 □に あてはまる かずを かきなさい。　　　3てん×6〔18てん〕

(1)　2+7+□=14

(2)　5+□+3=17

(3)　16-□-7=5

(4)　□-8-5=6

(5)　11+4-□=9

(6)　□-7+6=12

6　キャラメルが　18こ　ありました。きのう　6こ，きょう　5こ　たべました。その　あと　おとうさんから　4こ，おにいさんから　3こ　もらいました。キャラメルは　なんこに　なりましたか。　〔8てん〕

〔しき〕

こたえ（　　　　　　）

7　こうえんに　男の子が　9人，女の子が　8人　います。そこへ　男の子が　5人，女の子が　7人　やって　きました。しばらくして，男の子が　8人，女の子が　なん人か　かえったので，男の子が　女の子より　3人　すくなく　なりました。女の子は　なん人　かえりましたか。

〔しき〕　　　　　　　　　　　　　　　　　　　〔8てん〕

こたえ（　　　　　　）

8　いすが　よこに　1れつに　ならべて　あります。その　中の　いすに　てつやさんと　まなみさんが　すわったら，空いて　いる　いすが　てつやさんの　右に　8こ，まなみさんの　左に　7こ，2人の　あいだに　3こ　ありました。いすは　ぜんぶで　なんこ　ありますか。

〔しき〕　　　　　　　　　　　　　　　　　　　〔10てん〕

こたえ（　　　　　）　または（　　　　　　）

20より 大きい かず〈20〜120の数〉

ねらい 120までの数について，その数え方や数の構成，大小，系列などを理解させます。2位数の位取りの原理（十の位は10のまとまりの数を書くところ）をしっかり認識させてください。また，100をこえる数（120までの数）は，「100といくつ」という見方でとらえさせてください。

標準クラス

| 時間 | 15分 | 得点 | /100 | 答え | p.26 |

1 いくつ ありますか。□に かずを かきなさい。　5てん×4〔20てん〕

(1) □ まい

(2) □ 本

(3) 10 が 4こと ◇ が 7まい　□ まい

(4) □ こ

2 □に あてはまる かずを かきなさい。　4てん×6〔24てん〕

(1) 10が 9こと 1が 3こで □

(2) 76は 10が □ こと 1が □ こ

(3) 100が 1こと 10が 1こと 1が 2こで □

(4) 十のくらいが 6で 一のくらいが 9の かずは □

(5) 80の 十のくらいの すう字は □, 一のくらいの すう字は □

(6) 百のくらいも 十のくらいも 1で 一のくらいが 7の かずは □

3 いちばん 大きい かずに ○を つけなさい。　　4 てん×4〔16 てん〕

(1) | 35 | 43 | 39 |
（　）（　）（　）

(2) | 64 | 57 | 71 |
（　）（　）（　）

(3) | 78 | 87 | 77 | 88 |
（　）（　）（　）（　）

(4) | 114 | 108 | 120 | 116 |
（　）（　）（　）（　）

4 □に あてはまる かずを かきなさい。　　4 てん×4〔16 てん〕

(1) 60 — 70 — □ — □ — 100 — □ — □

(2) □ — □ — 90 — 85 — □ — □ — 70

(3) 84 — □ — □ — □ — 92 — 94 — □

(4) □ — 112 — 111 — □ — □ — □ — 107

5 かずを 大きい じゅんに ならべなさい。　　6 てん×2〔12 てん〕

(1) （ 45　29　37　53　61 ）　（ □ □ □ □ □ ）

(2) （ 91　97　89　78　90　82 ）　（ □ □ □ □ □ □ ）

6 つぎの かずを かきなさい。　4 てん×3〔12 てん〕

(1) 47 より 3 大きい かず　□

(2) 80 より 2 小さい かず　□

(3) 120 より 10 小さい かず　□

時間 20分　得点 /100　答え p.26

1 つぎの　かずを　みて，□に　あてはまる　かずを　かきなさい。

5てん×5〔25てん〕

| 69 | 97 | 89 | 76 | 67 | 96 | 78 | 57 | 65 | 87 |

(1) 十のくらいが　6の　かずは　□　と　□　と　□　です。

(2) 一のくらいが　7の　かずは　□　と　□　と　□　と　□　です。

(3) 88より　大きい　かずは　□　と　□　と　□　です。

(4) 70より　小さい　かずは　□　と　□　と　□　と　□　です。

(5) 75より　大きくて　85より　小さい　かずは　□　と　□　です。

2 つぎの　かずを　かきなさい。

4てん×6〔24てん〕

(1) 76より　5　大きい　かず　□

(2) 63より　7　小さい　かず　□

(3) 100より　8　大きい　かず　□

(4) 110より　4　小さい　かず　□

(5) 85と　93の　ちょうど　まん中の　かず　□

(6) 106と　120の　ちょうど　まん中の　かず　□

3 □に あてはまる かずを かきなさい。　　　4 てん×4〔16 てん〕

(1) □ ― □ ― 55 ― 57 ― □ ― □ ― 63

(2) □ ― 77 ― 74 ― □ ― □ ― 65 ― □

(3) 70 ― □ ― 82 ― 88 ― □ ― □ ― □

(4) 120 ― □ ― □ ― 108 ― 104 ― □ ― □

4 □に あてはまる かずを かきなさい。　　　5 てん×4〔20 てん〕

```
     ①        ②              ③        ④
80        100                      120
```

(1) ①は □ で, ①より 20 大きい かずは □ です。

(2) ②は □ で, ②より 10 大きい かずは □ です。

(3) ③は □ で, ③より 20 小さい かずは □ です。

(4) ④は □ で, ④より 40 小さい かずは □ です。

5 20 から 90 までの かずの 中で, つぎの かずを ぜんぶ か
きなさい。　　　5 てん×3〔15 てん〕

(1) 一のくらいが 4の かず

(　　　　　　　　　　　　　　　)

(2) 十のくらいも 一のくらいも おなじ すう字の かず

(　　　　　　　　　　　　　　　)

(3) 十のくらいも 一のくらいも すう字が 6より 大きい かず

(　　　　　　　　　　　　　　　)

1 ２つの　かずの　ちがいを　かきなさい。　　3てん×4〔12てん〕

(1) | 69 | 71 |　(2) | 94 | 86 |　(3) | 55 | 70 |　(4) | 99 | 49 |

□　　　　　□　　　　　□　　　　　□

2 □に　あてはまる　かずを　かきなさい。　　3てん×4〔12てん〕

(1) 65より □ 大きい　かずは　73です。

(2) □ より　9　大きい　かずは　86です。

(3) 100より □ 小さい　かずは　88です。

(4) □ より　15　小さい　かずは　102です。

3 □に　あてはまる　かずを　かきなさい。　　4てん×6〔24てん〕

(1) 10が　5こと　1が　13こで □

(2) 10が　10こと　1が　7こで □

(3) 10が　9こと　1が　20こで □

(4) 10が　6こと　1が □ こで　75

(5) 100が　1こと　1が □ こで　119

(6) 10が □ こと　1が　30こで　100

4 □に あてはまる かずを かきなさい。　　　4てん×4〔16てん〕

(1) □ — □ — |80| — |60| — □ — □ — |0|

(2) |30| — □ — □ — |75| — |90| — □ — □

(3) □ — |91| — |82| — □ — □ — |55| — □

(4) □ — |45| — □ — □ — |78| — |89| — □

5 1, 3, 5, 7, 9の 5まいの カードの うち, 2まいの カードを 1まいずつ つかって, 10より 大きい かずを つくります。つぎの かずを かきなさい。　　　4てん×5〔20てん〕

(1) いちばん 大きい かず □

(2) いちばん 小さい かず □

(3) 十のくらいが 3の かず □ と □ と □ と □

(4) 一のくらいが 5の かず □ と □ と □ と □

(5) 44に いちばん ちかい かず □

6 50円玉が 1こ, 10円玉が 2こ, 5円玉が 3こ, 1円玉が 5こ あります。ぜんぶで なん円に なりますか。　　　〔8てん〕

（　　　）

7 10円玉が 6こと 5円玉が 5こと 1円玉が なんこか あって, ぜんぶで 92円に なります。1円玉は なんこ ありますか。　　　〔8てん〕

（　　　）

1 □に あてはまる かずを かきなさい。 4てん×5〔20てん〕

(1) 45より 15 大きい かずは, 90より □ 小さいです。

(2) 80より 25 小さい かずは, □ より 12 大きいです。

(3) 60と □ の ちょうど まん中に ある かずは, 68です。

(4) 10が 3こ 1が □ こ 15で 50です。

(5) 10が □ こと 1が 25こ 30で 115です。

2 0, 2, 3, 4, 6, 8, 9の 7まいの カードの うち, 2まい の カードを 1まいずつ つかって, 10より 大きい かずを つ くります。つぎの かずを かきなさい。 4てん×5〔20てん〕

(1) いちばん 小さい かず □ (2) 3ばん目に 大きい かず □

(3) 十のくらいが 4の かずの 中で, 2ばん目に 小さい かず □

(4) 一のくらいが 6の かずの 中で, 2ばん目に 大きい かず □

(5) 54に いちばん ちかい かず □

3 □に あてはまる かずを かきなさい。 6てん×2〔12てん〕

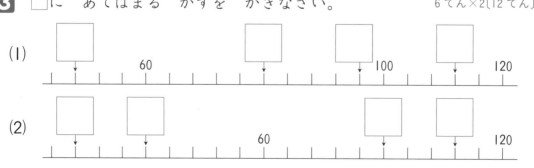

(1)

60   100   120

(2)

60   120

□に　あてはまる　かずを　かきなさい。　　4てん×4〔16てん〕

(1) 60 — 64 — 72 — 76 — □ — □ — 96

(2) 25 — 35 — 55 — 65 — □ — 95 — □

(3) 50 — 52 — 56 — 62 — □ — □ — □

(4) 10 — 15 — 25 — 40 — □ — □ — □

5 ㋐, ㋑, ㋒の　かずの　れつが　あります。空いて　いる　□に　あてはまる　かずを　かきなさい。　　6てん×2〔12てん〕

(1)

㋐	2	4	6	……	12	……		……	
㋑	4	8	12	……		……	36	……	
㋒	10	20	30	……		……		……	120

(2)

㋐	1	3	5	……	13	……		……	
㋑	2	6	10	……		……	42	……	
㋒	5	10	15	……		……		……	75

6 10円玉と　5円玉と　1円玉が　7こずつ　あります。120円に　するには，1円玉が　あと　なんこ　あれば　よいですか。　　〔10てん〕

（　　　　　）

7 かいものを　して，100円玉　1こと　5円玉　1こと　1円玉　3こを　出して　はらいました。おつりは　10円玉　4こでした。かいものは　なん円でしたか。　　〔10てん〕

（　　　　　）

2 20より 大きい かずの たしざん 〈2位数＋2位数の計算〉

 ねらい 2位数どうしのたし算のしかたを理解させます。たされる数とたす数のそれぞれを十の位と一の位に分けて，十の位どうしと一の位どうしのたし算をさせるようにしてください。ここで，計算を速く，正確にできるようにして，計算力を高めておきましょう。

標準クラス

| 時間 | 15分 | 得点 | /100 | 答え | p.28 |

1 □に あてはまる かずを かきなさい。　　　5てん×4〔20てん〕

(1) 63＋4 の けいさん

63＋4 ⇨ 60＋□＋4
60 □

⇨ 60と □ で (こたえ) □

(2) 7＋82 の けいさん

7＋82 ⇨ 7＋□＋2
□ 2

⇨ □ と9で (こたえ) □

(3) 56＋30 の けいさん

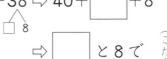

56＋30 ⇨ 50＋□＋30
50 □

⇨ 80と □ で (こたえ) □

(4) 40＋38 の けいさん

40＋38 ⇨ 40＋□＋8
□ 8

⇨ □ と8で (こたえ) □

2 たしざんを しなさい。　　　3てん×12〔36てん〕

(1) 50＋8

(2) 90＋3

(3) 6＋70

(4) 42＋5

(5) 83＋6

(6) 8＋61

(7) 70＋20

(8) 30＋50

(9) 60＋40

(10) 29＋30

(11) 58＋40

(12) 50＋37

3 まん中の　かずと　まわりの　かずを　たしなさい。　8てん×2〔16てん〕

(1)

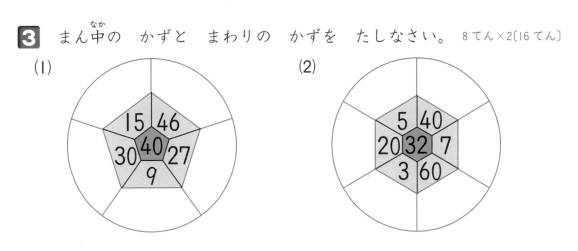

(2)

4 あわせて　なん円に　なりますか。　6てん×2〔12てん〕

(1) 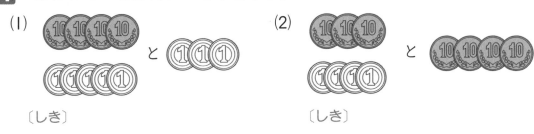　と

〔しき〕

(2)　　　　　　　　　と

〔しき〕

こたえ（　　　　　）　　　　こたえ（　　　　　）

5　あやかさんは　いろがみを　67まい　もって　います。おねえさん
から　20まい　もらいました。ぜんぶで　なんまいに　なりましたか。
〔しき〕　　　　　　　　　　　　　　　　　　　　　〔8てん〕

こたえ（　　　　　）

6　キャラメルが　50こ　あります。ガムは　キャラメルより　36こ
おおいそうです。ガムは　なんこ　ありますか。　〔8てん〕
〔しき〕

こたえ（　　　　　）

1 □に　あてはまる　かずを　かきなさい。　4てん×5〔20てん〕

(1)　23＋45　の　けいさん

23＋45 ⇨ 20＋3＋40＋□
20 3 40 □

⇨ 60 と □ で（こたえ）□

(2)　51＋36　の　けいさん

51＋36 ⇨ 50＋1＋□＋6
50 1 □ 6

⇨ □ と 7 で（こたえ）□

(3)　14＋64　の　けいさん

14＋64 ⇨ 10＋□＋60＋□
10 □ 60 □

⇨ 70＋□ ⇨（こたえ）□

(4)　42＋57　の　けいさん

42＋57 ⇨ □＋2＋□＋7
□ 2 □ 7

⇨ □＋9 ⇨（こたえ）□

(5)　36＋43　の　けいさん

36＋43 ⇨ 30＋□＋□＋3 ⇨ □＋□ ⇨（こたえ）□

2　たしざんを　しなさい。　3てん×12〔36てん〕

(1)　14＋31

(2)　23＋42

(3)　56＋12

(4)　65＋33

(5)　13＋76

(6)　27＋51

(7)　82＋15

(8)　62＋24

(9)　44＋45

(10)　81＋17

(11)　23＋64

(12)　57＋42

3 あわせて なん円に なりますか。   8てん×2〔16てん〕

(1)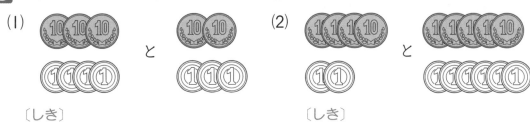

〔しき〕

こたえ （   ）

(2)

〔しき〕

こたえ （   ）

4 ゆうじさんは 12さいです。おとうさんは ゆうじさんより 30さい 年上で, おじいさんは おとうさんより 36さい 年上だそうです。おじいさんは なんさいですか。   〔8てん〕

〔しき〕

こたえ （   ）

5 みかんが なんこか ありました。かぞくで 24こ たべて, おとなりに 12こ あげたので, のこりが 32こに なりました。みかんは はじめ なんこ ありましたか。

〔しき〕   〔10てん〕

こたえ （   ）

6 ちひろさんは おりがみを 34まい もって いて, まりなさんが もって いる おりがみより 21まい すくないそうです。2人が もって いる おりがみを あわせると なんまいに なりますか。

〔しき〕   〔10てん〕

こたえ （   ）

1 □に あてはまる かずを かきなさい。　　4 てん×5〔20 てん〕

(1) 24+36 の けいさん

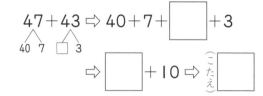

$24+36 \Rightarrow 20+4+30+\boxed{}$

$\Rightarrow 50+\boxed{} \Rightarrow$ (こたえ) $\boxed{}$

(2) 47+43 の けいさん

$47+43 \Rightarrow 40+7+\boxed{}+3$

$\Rightarrow \boxed{}+10 \Rightarrow$ (こたえ) $\boxed{}$

(3) 18+34 の けいさん

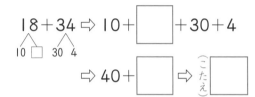

$18+34 \Rightarrow 10+\boxed{}+30+4$

$\Rightarrow 40+\boxed{} \Rightarrow$ (こたえ) $\boxed{}$

(4) 26+57 の けいさん

$26+57 \Rightarrow \boxed{}+6+50+7$

$\Rightarrow \boxed{}+13 \Rightarrow$ (こたえ) $\boxed{}$

(5) 36+48 の けいさん

$36+48 \Rightarrow 30+\boxed{}+\boxed{}+8 \Rightarrow \boxed{}+\boxed{} \Rightarrow$ (こたえ) $\boxed{}$

2 たしざんを しなさい。　　4 てん×10〔40 てん〕

(1) 32+28

(2) 41+39

(3) 26+44

(4) 53+37

(5) 15+26

(6) 27+35

(7) 46+37

(8) 19+63

(9) 47+48

(10) 58+39

3 ガムと クッキーと チョコレートを か
いました。ガムは クッキーより 14円 や
すくて 36円でした。チョコレートは クッ
キーより 28円 たかかったそうです。チョ
コレートは なん円ですか。　〔10てん〕

〔しき〕

こたえ （　　　　　　）

4 かずやさんは きのう 本を 1ページ目から よみはじめ, 23ペ
ージ よみました。きょうは きのうより 12ページ おおく よん
だので, のこりが 38ページに なりました。この 本は ぜんぶで
なんページ ありますか。　〔10てん〕

〔しき〕

こたえ （　　　　　　）

5 おかしを かって, ひできさんは 26円, ふゆみさんは 28円 は
らったので, ひできさんは 17円, ふゆみさんは 19円 のこりまし
た。はじめに 2人 あわせて なん円 もって いましたか。〔10てん〕

〔しき〕

こたえ （　　　　　　）

6 ゆきなさんは おととい もって いた おりがみの はんぶんを
つかい, きのうも のこった おりがみの はんぶんを つかいました。
きょうも のこった おりがみの はんぶんを つかったので, のこり
が 12まいに なりました。はじめに おりがみを なんまい もっ
て いましたか。　〔10てん〕

〔しき〕

こたえ （　　　　　　）

1 □に あてはまる かずを かきなさい。 6てん×2〔12てん〕

(1) 13+24+32 の けいさん

13+24+32 ⇨ 10+3+20+4+30+□
　　10 3　20 4　30 □

　　　　⇨ 60+□ ⇨ (こたえ)□

(2) 25+34+27 の けいさん

25+34+27 ⇨ 20+5+□+4+20+7
　　20 5　□ 4　20 7

　　　　⇨ □+16 ⇨ (こたえ)□

2 たしざんを しなさい。 4てん×10〔40てん〕

(1) 20+15+34

(2) 26+30+22

(3) 12+23+42

(4) 34+21+43

(5) 13+25+52

(6) 23+24+33

(7) 31+27+26

(8) 28+34+37

(9) 22+31+32+13

(10) 16+23+26+32

3 白い いろがみが 12まい あります。赤い いろがみは 青い いろがみより 7まい おおく, きいろい いろがみより 9まい すくないそうです。また, 青い いろがみは 白い いろがみより 13まい おおいそうです。赤い いろがみと 青い いろがみと きいろい いろがみを あわせると なんまいに なりますか。〔14てん〕

〔しき〕

こたえ （　　　　　）

4 もって いる お金で, ビスケットと キャンディを かうと 17円 あまり, ビスケットと キャンディと ガムを かうと 12円 たりません。ビスケットは キャンディより 8円 やすく, ガムより 6円 たかいそうです。もって いる お金は なん円ですか。〔16てん〕

〔しき〕

こたえ （　　　　　）

5 ななみさんたちは じゃんけんを 4かい しました。1人だけ かった ときは その 人が 30てん, まけた 2人が 15てんずつ, 2人が かった ときは その 2人が 25てんずつ, まけた 1人が 10てん, あいこは 3人が 20てんずつに なります。それぞれ ぜんぶで なんてんに なりますか。

6てん×3〔18てん〕

〔しき〕

	1かい目	2かい目	3かい目	4かい目
ななみさん	チョキ	グー	パー	チョキ
さくらさん	グー	パー	チョキ	パー
えりかさん	チョキ	パー	グー	チョキ

こたえ　ななみ （　　　　）, さくら （　　　　）, えりか （　　　　）

3 20より 大きい かずの ひきざん〈2位数−2位数の計算〉

ねらい 2位数どうしのひき算のしかたを理解させます。繰り下がりのない場合は，位ごとに計算させます。繰り下がりのある場合は，ひかれる数を「何十と十いくつ」に分けて計算させます。前の単元のたし算と同様に，計算を速く，正確にできるようにしておきましょう。

▶ 標準クラス

| 時間 | 15分 | 得点 | /100 | 答え | p.30 |

1 □に あてはまる かずを かきなさい。　　　　5てん×4〔20てん〕

(1) 45−3 の けいさん

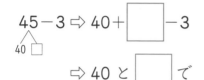

(2) 67−4 の けいさん

(3) 56−20 の けいさん

(4) 78−30 の けいさん

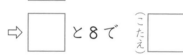

2 ひきざんを しなさい。　　　　3てん×12〔36てん〕

(1) 36−6

(2) 59−9

(3) 87−7

(4) 28−5

(5) 76−2

(6) 99−4

(7) 50−30

(8) 60−10

(9) 80−20

(10) 47−10

(11) 73−40

(12) 94−30

3 まん中の かずから まわりの かずを ひきなさい。 8てん×2〔16てん〕

(1)

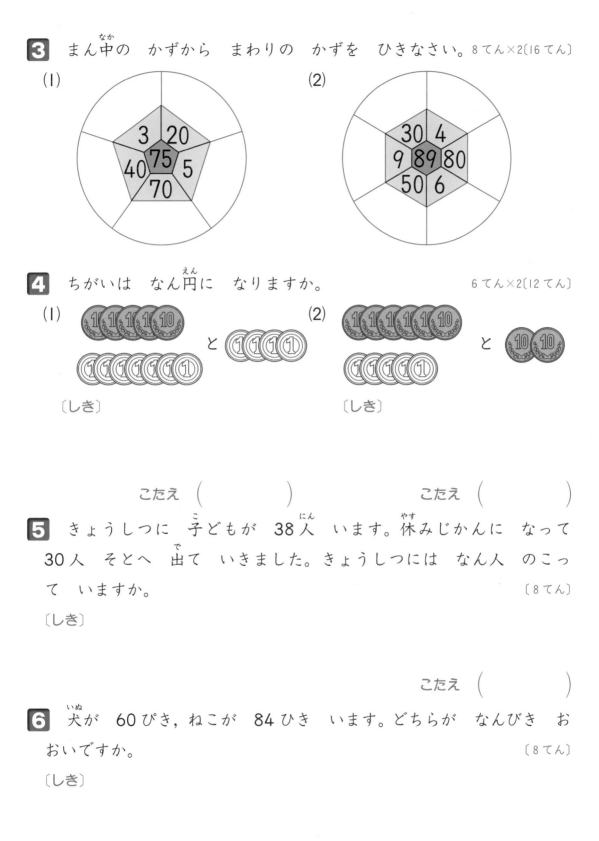

(2)

4 ちがいは なん円に なりますか。 6てん×2〔12てん〕

(1) と

(2) と

〔しき〕 〔しき〕

こたえ （　　　　） こたえ （　　　　）

5 きょうしつに 子どもが 38人 います。休みじかんに なって 30人 そとへ 出て いきました。きょうしつには なん人 のこっ て いますか。 〔8てん〕

〔しき〕

こたえ （　　　　）

6 犬が 60ぴき，ねこが 84ひき います。どちらが なんびき お おいですか。 〔8てん〕

〔しき〕

こたえ （　　　　）が （　　　　）ひき おおい。

時間 **20**分 | 得点 /100 | 答え p.**30**

1 □に あてはまる かずを かきなさい。　　4てん×5〔20てん〕

(1) 57－23 の けいさん

$57-23 \Rightarrow 50+7-20-\boxed{}$

$\Rightarrow 30$ と $\boxed{}$ で (こたえ) $\boxed{}$

(2) 86－34 の けいさん

$86-34 \Rightarrow 80+6-\boxed{}-4$

$\Rightarrow \boxed{}$ と 2 で (こたえ) $\boxed{}$

(3) 65－42 の けいさん

$65-42 \Rightarrow 60+\boxed{}-40-\boxed{}$

$\Rightarrow 20+\boxed{} \Rightarrow$ (こたえ) $\boxed{}$

(4) 79－61 の けいさん

$79-61 \Rightarrow \boxed{}+9-\boxed{}-1$

$\Rightarrow \boxed{}+8 \Rightarrow$ (こたえ) $\boxed{}$

(5) 98－56 の けいさん

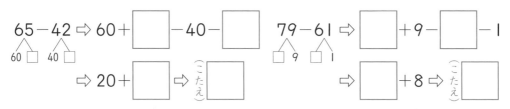

$98-56 \Rightarrow 90+\boxed{}-\boxed{}-6 \Rightarrow \boxed{}+\boxed{} \Rightarrow$ (こたえ) $\boxed{}$

2 ひきざんを しなさい。　　3てん×12〔36てん〕

(1) 26－12

(2) 54－31

(3) 67－25

(4) 88－47

(5) 49－14

(6) 76－56

(7) 38－22

(8) 93－61

(9) 76－53

(10) 68－24

(11) 97－32

(12) 89－13

3 ちがいは なん円に なりますか。　　　　8てん×2[16てん]

(1)　　　　　　　　　　　　　　　(2)

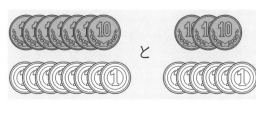

〔しき〕　　　　　　　　　　　　　〔しき〕

こたえ（　　　　　）　　　　　　こたえ（　　　　　）

4 どんぐりを だいきさんは 67こ ひろいました。おとうとは だいきさんより 20こ すくなく, いもうとより 13こ おおく ひろいました。いもうとは なんこ ひろいましたか。　　　〔8てん〕

〔しき〕

こたえ（　　　　　）

5 女の子が 43人, 男の子が なん人か います。りんごが ぜんぶで 96こ あったので, 1人に 1こずつ くばったら, 12こ あまりました。男の子は なん人 いますか。

〔しき〕　　　　　　　　〔10てん〕

こたえ（　　　　　）

6 1年生が 89人で かけっこを して います。かおるさんは うしろから 32ばん目でしたが, 14人を ぬきました。いま かおるさんの まえに なん人 いますか。　　　　〔10てん〕

〔しき〕

こたえ（　　　　　）

1 □に あてはまる かずを かきなさい。　　　　4 てん×5〔20 てん〕

(1)　50−26 の けいさん

50−26 ⇨ 40＋10−20−□
　40 10　20 □

⇨ 20＋□ ⇨ (こたえ)□

(2)　80−32 の けいさん

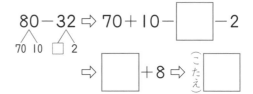

80−32 ⇨ 70＋10−□−2
　70 10　□ 2

⇨ □＋8 ⇨ (こたえ)□

(3)　63−28 の けいさん

63−28 ⇨ 50＋□−20−8
　50 □　20 8

⇨ 30＋□ ⇨ (こたえ)□

(4)　76−49 の けいさん

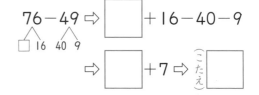

76−49 ⇨ □＋16−40−9
　□ 16　40 9

⇨ □＋7 ⇨ (こたえ)□

(5)　94−56 の けいさん

94−56 ⇨ 80＋□−□−6 ⇨ □＋□ ⇨ (こたえ)□

2 ひきざんを しなさい。　　　　4 てん×10〔40 てん〕

(1)　40−15

(2)　60−23

(3)　90−48

(4)　70−31

(5)　32−17

(6)　45−26

(7)　67−39

(8)　83−47

(9)　74−25

(10)　96−58

3 さゆりさんは おはじきを 80こ もって います。おとうとには 24こ,いもうとには おとうとより 6こ すくなく あげました。おはじきは なんこ のこって いますか。 〔10てん〕

〔しき〕

こたえ（　　　　　）

4 びわと メロンと ももが あわせて 92こ あります。びわは 34こ あって,メロンより 9こ おおいそうです。メロンと ももは どちらが なんこ おおいですか。 〔10てん〕

〔しき〕

こたえ（　　　　　）が（　　　　　）に おおい。

5 たくまさんは 85円 もって おみせに いきました。ガムを 2こ,チョコレートを 1こ かって,17円 のこりました。ガムは 1こ 18円でした。チョコレートは 1こ いくらですか。 〔10てん〕

〔しき〕

こたえ（　　　　　）

6 がようしが 88まい あります。1くみと 2くみと 3くみの 子どもに 1人 1まいずつ くばったら,7まい たりませんでした。1くみは 32人 いて,2くみは 1くみより 3人 すくないそうです。3くみは なん人 いますか。 〔10てん〕

〔しき〕

こたえ（　　　　　）

| 時間 | 30分 | 得点 | /100 | 答え | p.31 |

1 □に あてはまる かずを かきなさい。　　　6てん×2〔12てん〕

(1) 87−23−42 の けいさん

$$87-23-42 \Rightarrow 80+7-20-3-40-\boxed{}$$

80 7　20 3　40 □

$$\Rightarrow 20+\boxed{} \Rightarrow \overset{(こたえ)}{\boxed{}}$$

(2) 74−36−25 の けいさん

$$74-36-25 \Rightarrow 60+14-\boxed{}-6-20-5$$

60 14　□ 6　20 5

$$\Rightarrow \boxed{}+3 \Rightarrow \overset{(こたえ)}{\boxed{}}$$

2 けいさんを しなさい。　　　4てん×10〔40てん〕

(1) 98−41−34

(2) 79−13−22

(3) 80−24−32

(4) 90−31−17

(5) 84−18−23

(6) 96−27−35

(7) 77−42+26

(8) 55+38−47

(9) 63−29+36−47

(10) 48+26−37+59

3 4つの いろの カードが ぜんぶで 96まい あります。そのうち 赤い カードと 青い カードを あわせると 57まいです。また, きいろい カードは 24まい あって, 白い カードは 赤い カードより 14まい すくないそうです。青い カードは なんまい ありますか。 〔16てん〕

〔しき〕

こたえ (   )

4 ゆうたさんは 50円玉を 1こ, 10円玉と 5円玉を 3こずつ もって おみせに いきました。せんべいと あめと ゼリーを かって, のこりが 10円玉 1こと 1円玉 2こに なりました。ゼリーは 36円で, あめより 19円 たかかったそうです。せんべいと あめは どちらが なん円 たかいですか。 〔16てん〕

〔しき〕

こたえ (   )が (   )円 たかい。

5 でん車に 63人 のって いました。1つ目の えきで なん人か おりて 29人 のって きました。2つ目の えきで 18人 おりて 32人 のって きました。3つ目の えきで 27人 おりて 36人 のって きたので, でん車に のって いる 人は 98人に なりました。1つ目の えきで なん人 おりましたか。 〔16てん〕

〔しき〕

こたえ (   )

1 かずを 小さい じゅんに ならべなさい。　　5てん×2〔10てん〕

(1) (60　44　28　52　36)　(□ □ □ □ □)

(2) (87　95　79　90　81　73)　(□ □ □ □ □ □)

2 □に あてはまる かずを かきなさい。　　5てん×3〔15てん〕

(1) □ — 95 — □ — □ — □ — 115 — 120

(2) 72 — □ — 88 — 96 — □ — □ — □

(3)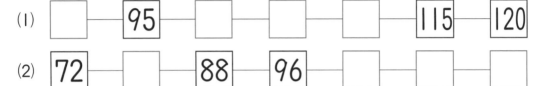

3 たしざんを しなさい。　　2てん×9〔18てん〕

(1) 80+4

(2) 72+7

(3) 5+93

(4) 30+40

(5) 60+28

(6) 46+50

(7) 25+62

(8) 53+16

(9) 34+63

4 ひきざんを しなさい。　　2てん×9〔18てん〕

(1) 48-8

(2) 69-7

(3) 97-3

(4) 70-20

(5) 56-30

(6) 89-40

(7) 57-14

(8) 78-52

(9) 96-31

5 11から 99までの かずの 中_{なか}で, つぎの かずを ぜんぶ か
きなさい。 5てん×3〔15てん〕

(1) 一のくらいが 0の かず

（ 　　　　　　　　　　　　 ）

(2) 十のくらいも 一のくらいも すう字_じが 3より 小さい かず

（ 　　　　　　　　　　　　 ）

(3) 十のくらいと 一のくらいの かずを たして 10に なる かず

（ 　　　　　　　　　　　　 ）

6 キャラメルが 45こ あります。子どもに 1こずつ くばると,
13こ たりませんでした。子どもは なん人_{にん} いますか。 〔8てん〕
〔しき〕

こたえ （ 　　　　　 ）

7 わたるさんは シールを 56まい もって いて, しんごさんが
もって いる シールより 24まい おおいそうです。2人_{ふたり}が もっ
て いる シールを あわせると なんまいに なりますか。 〔8てん〕
〔しき〕

こたえ （ 　　　　　 ）

8 花_かだんに 赤_{あか}い 花が 98本 さいて います。白_{しろ}い 花は きい
ろい 花より 32本 おおく, 赤い 花より 23本 すくなく さい
て います。きいろい 花は なん本 さいて いますか。 〔8てん〕
〔しき〕

こたえ （ 　　　　　 ）

時間 **30**分 | 得点 /100 | 答え p.**33**

1 □に あてはまる かずを かきなさい。 4 てん×4〔16 てん〕

(1) 76 より □ 大^{おお}きい かずは 84 です。

(2) □ より 14 小^{ちい}さい かずは 98 です。

(3) 10 が 3 こと 1 が □ こで 56

(4) 10 が □ こと 1 が 37 こで 77

2 ⓪, ②, ④, ⑥, ⑧の 5 まいの カードの うち, 2 まいの カードを 1 まいずつ つかって, 10 より 大きい かずを つくります。つぎの かずを かきなさい。 4 てん×4〔16 てん〕

(1) いちばん 大きい かず □   (2) いちばん 小さい かず □

(3) 一のくらいが 4の かずの 中で, 2 ばん目に 小さい かず □

(4) 53 に いちばん ちかい かず □

3 けいさんを しなさい。 3 てん×8〔24 てん〕

(1) 24＋56   (2) 47＋43

(3) 35＋48   (4) 29＋67

(5) 50－32   (6) 80－21

(7) 73－46   (8) 97－59

4 けいさんを しなさい。 3てん×6〔18てん〕

(1) 24＋43＋31

(2) 26＋18＋45

(3) 89－34－23

(4) 98－29－47

(5) 37＋46－58

(6) 73－37＋49

5 たまごが 65こ ありました。きのう 42こ つかった あと, 50こ かいました。きょう なんこか つかった あと, 40こ かった ので, のこりは 67こに なりました。きょう なんこ つかいましたか。

〔しき〕 〔8てん〕

こたえ （　　　　　）

6 ふみかさんは 50円玉を 1こと 10円玉を 4こと 5円玉を 1こ もって おみせに いきました。えんぴつは 34円で, けしゴム は えんぴつより 13円 たかく, ノートより 29円 やすいそうで す。ノートを かうと なん円 のこりますか。 〔8てん〕

〔しき〕

こたえ （　　　　　）

7 1年生が 94人で マラソンを して います。ともきさんは ま えから 23ばん目でしたが, 12人に ぬかれました。まさとさんは うしろから 28ばん目でしたが, 15人を ぬきました。いま ともき さんと まさとさんの あいだに なん人 いますか。 〔10てん〕

〔しき〕

こたえ （　　　　　）

1

ながさ・かさ・ひろさ 〈長さ・かさ・広さの比較〉

ねらい 任意単位（ブロックや方眼など）を使って間接比較ができるようにします。長さ，かさ，広さとも，単位を扱わずに，任意単位で比較のみの問題にしてあります。実際に身近な容器やカードなどを使って調べさせ，理解を深めさせてください。

標準クラス　時間 **15分**　得点 ／100　答え **p.34**

1 ながい　じゅんに　ばんごうを　かきなさい。　4てん×6〔24てん〕

(1)

(　　　)　　　(　　　)　　　(　　　)

(2)

(　　　)　　　(　　　)　　　(　　　)

2 おなじ　ながさを　見つけて，きごうを　かきなさい。

8てん×4〔32てん〕

あ ○○○○

い ○○○○○○○

う ○○○○○○

え ○○○○○

お ○○○○○○

か ○○○○○

き ○○○○○

く ○○○○○○

け ○○○○○

こ ○○○○○○○

(　　と　　)(　　と　　)(　　と　　)(　　と　　)

3 水が おおく 入って いるのは どれですか。きごうを かきなさい。

6てん×2〔12てん〕

(1)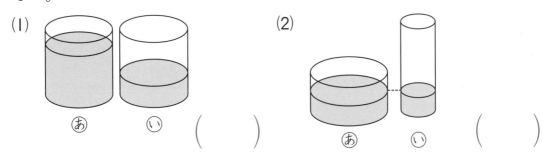

あ　　い　　（　　）

(2)

あ　　い　　（　　）

4 いちばん 大きい いれものに ○，3ばん目に 大きい いれものに △を つけなさい。

8てん×2〔16てん〕

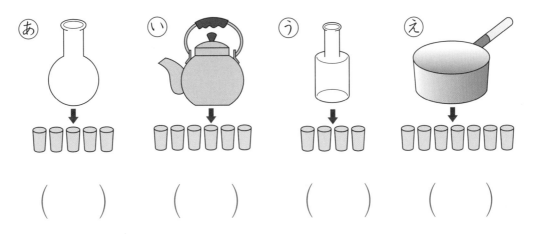

あ　　　　い　　　　う　　　　え

（　　）　　（　　）　　（　　）　　（　　）

5 どちらが ひろいですか。ひろい ほうの きごうを かきなさい。
（ひろさは ▢の かずで かんがえましょう。）

8てん×2〔16てん〕

(1)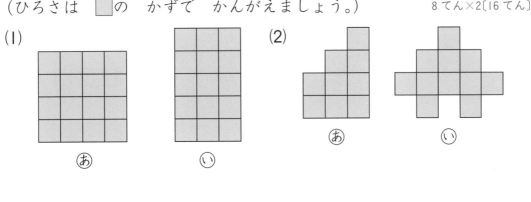

あ　　　　　い

(2)

あ　　　　　い

（　　）　　　　　　　（　　）

1 右の ずを 見て こたえなさい。　　　　　　6てん×4〔24てん〕

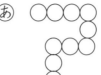 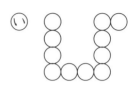

(1) えと おでは, どちらが なが
いですか。

（　　　）

(2) いは うより なんこぶん な
がいですか。

（　　　）

(3) あは おより なんこぶん み
じかいですか。

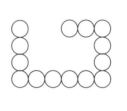

（　　　）

(4) いちばん ながい ものと, いちばん みじかい ものとの ちが
いは なんこぶんに なりますか。　　　　　　（　　　）

2 右の ずを 見て こたえなさい。　　　　　　6てん×4〔24てん〕

(1) えと かを あわせた ながさと おなじ
に なるのは どれですか。

あ

（　　　）

(2) おと おなじ ながさに なるのは, どれ
と どれを あわせた ときですか。

い

う

（　と　）（　と　）

え

(3) あと えを あわせた ながさと おなじ
に なるのは, ほかに どれと どれを あ
わせた ときですか。

お

か

（　と　）

き

3 水が おおく 入って いる じゅんに ばんごうを かきなさい。

9てん×2〔18てん〕

(1)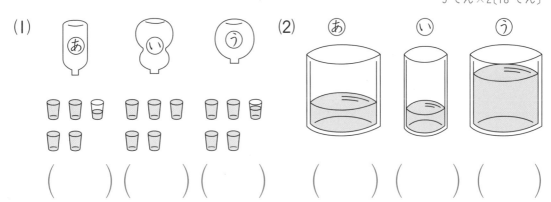

( ) ( ) ( ) ( ) ( ) ( )

4 くろい ところは どちらが ひろいですか。　8てん×2〔16てん〕

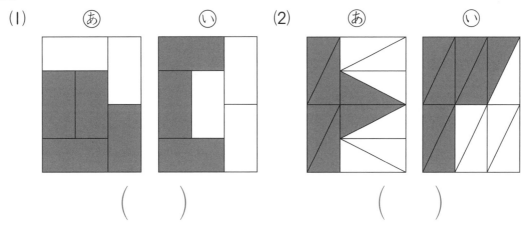

( ) ( )

5 ⓐの ひろさは, ⓘの ひろさの なんこぶんの ひろさですか。

9てん×2〔18てん〕

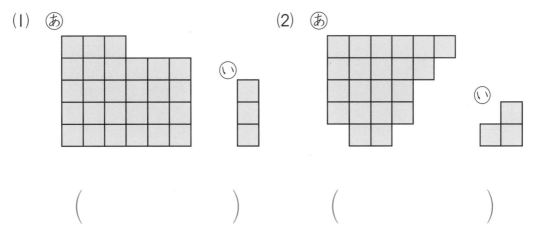

( ) ( )

時間 25分 得点 /100 答え p.35

1 右の ずを 見て こたえなさい。

8てん×3〔24てん〕

(1) ①と ②では, どちらが みじかいですか。 (   )

(2) ②は ③より なんこぶん みじかいですか。

(   )

(3) 2ばん目に ながい ものと, 4ばん目に ながい ものとの ちがいは なんこぶんに なりますか。

(   )

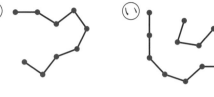

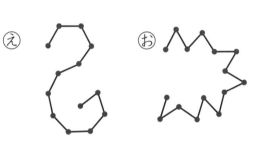

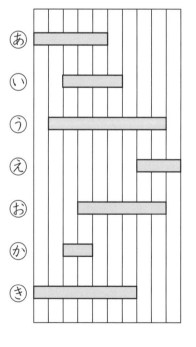

2 右の ずを 見て こたえなさい。

4てん×6〔24てん〕

(1) ①と ③を あわせた ながさと おなじ ながさに なるのは, ほかに どれと どれを あわせた ときですか。

(と   ), (と   )

(2) ちがいが ①と おなじ ながさに なるのは, どれと どれの ちがいですか。

(と   ), (と   )

(3) ③と ⑥の ちがいと おなじ ながさに なるのは, どれと どれの ちがいですか。

(と   ), (と   )

3 下の いれものの たかさは ぜんぶ おなじです。くちの ひろさ は あ, い, うと え, おが それぞれ おなじで, あの くちの ひ ろさは, おの くちの ひろさより ひろいです。おおく 入る じゅ んに ばんごうを かきなさい。 〔15 てん〕

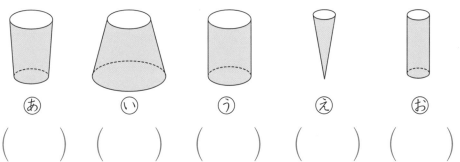

あ ( ) い ( ) う ( ) え ( ) お ( )

4 くろと 白では どちらが ひろいですか。 8 てん×2〔16 てん〕

(1)

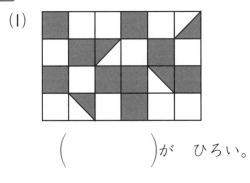

( ) が ひろい。

(2)

( ) が ひろい。

5 じんとりあそびを しました。じゃ んけんで 1かい かつと □を 1こ とれます。 7 てん×3〔21 てん〕

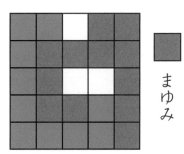

(1) いま, ゆうきさんと まゆみさんは, □を なんこ とって いますか。

ゆうき ( ) まゆみ ( )

(2) この あと, まゆみさんが じゃんけんで 3かい かちました。 まゆみさんは ゆうきさんより □を なんこ おおく とりましたか。

( )

時間 30分　得点 /100　答え p.35

1 右の ずのような はこが あります。①, ②, ③は せんの ながい じゅんに つけて あります。この はこの へりに そって ひもを きって はりつけます。

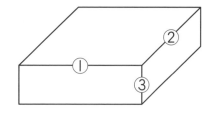

10てん×3〔30てん〕

(1) あ, い, うの ひもの うちで いちばん ながいのは どれですか。また, いちばん みじかいのは どれですか。

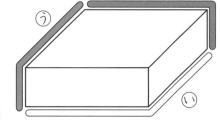

いちばん ながい　（　　　）

いちばん みじかい　（　　　）

(2) えと おは どちらが ながいですか。

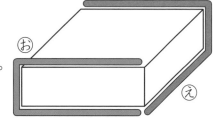

（　　　）

2 ペットボトルに 入った ジュースを 5人の 子どもが それぞれ もって います。ちなつさんは コップで 7はいぶん もって いて, のぼるさんより 2はいぶん おおく, けいたさんより 3ばいぶん すくないです。しずかさんは けいたさんより 1ぱいぶん おおいです。えりなさんは のぼるさんより 1ぱいぶん すくないです。

10てん×2〔20てん〕

(1) いちばん すくないのは だれですか。

（　　　　　）

(2) いちばん おおい 人と 4ばん目に おおい 人との ちがいは なんばいぶんですか。

（　　　　　）

3 水が おおく 入って いる じゅんに ばんごうを かきなさい。
ただし, ㊁と ㋁は ㋁の ほうが おおく, ㋒と ㋕は ㋒の ほう
が おおいです。 〔18てん〕

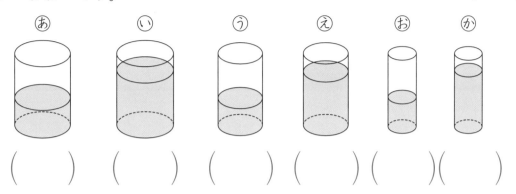

㊁ ( )　㋑ ( )　㋒ ( )　㋓ ( )　㋔ ( )　㋕ ( )

4 右の ずを 見て こたえなさい。

10てん×2〔20てん〕

(1) ㋑と ㋒を あわせた ひろさと お
なじ ひろさに なるのは, ほかに ど
れと どれを あわせた ときですか。

(と)

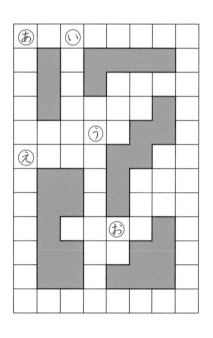

(2) ㊁と ㋔の ひろさの ちがいと お
なじに なるのは, どれと どれの ち
がいですか。

(と)

5 さいころの かたちを した はこが あります。まわりの ひろ
さは □が なんこぶん あつまった ひろさに なりますか。〔12てん〕

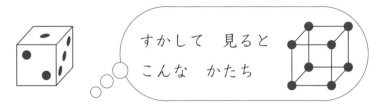

すかして 見ると
こんな かたち

( )

2 いろいろな かたち〈形の分類〉

ねらい　空間図形と平面図形の形の認識ができるようにします。空間図形は、さいころの形（立方体）、箱の形（直方体）、つつの形（円柱）、ボールの形（球）を扱いますが、見る方向によって、形の見え方が変化するので、できるだけ具体的な物を使って説明すると理解が深まります。

標準クラス

| 時間 | 15分 | 得点 | /100 | 答え | p.36 |

1 おなじ かたちの なかまを せんで むすびなさい。

3てん×8〔24てん〕

| はこの かたち | つつの かたち | さいころの かたち | ボールの かたち |

2 つぎの かたちの 名まえを かきなさい。

6てん×4〔24てん〕

(1) (2) (3) (4)

(　　　　　) (　　　　　) (　　　　　) (　　　　　)

3 下の ずを 見て おなじ かたちの なかまを きごうで こた えなさい。

4 てん×7〔28 てん〕

(1) はこの かたち

( )

(2) ボールの かたち

( )

(3) つつの かたち

( )

(4) さいころの かたち

( )

(5) つみやすい かたち ( )

(6) ころがりやすい かたち ( )

(7) たいらな ところと, まるい ところが ある かたち

( )

4 下の ずを 見て, おなじ かたちの なかまを ぜんぶ きごう で こたえなさい。

6 てん×4〔24 てん〕

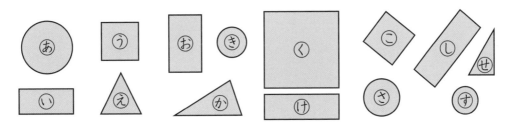

(1) ⓐの なかま

( )

(2) ⓘの なかま

( )

(3) ⓤの なかま

( )

(4) ⓔの なかま

( )

1 下の ずのように かたちを うつしました。できる かたちの 名まえを かきなさい。　4てん×4〔16てん〕

(1) 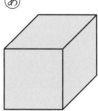　(2) 　(3) 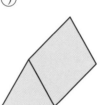　(4)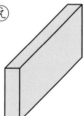

(　　　　) (　　　　) (　　　　) (　　　　)

2 つみ木を つかって, かみに かたちを うつしました。それぞれ どの つみ木の かたちか きごうで こたえなさい。　4てん×8〔32てん〕

あ 　　　　 い 　　　　 う 　　　　 え

(　　) 　 (　　) 　 (　　) 　 (　　)

(　　) 　 (　　) 　 (　　) 　 (　　)

3 下の ぼうを ならべて できる かたちは どれですか。きごう で こたえなさい。

5 てん×4〔20 てん〕

(1) ═══ (2) ═══ (3) ═══ (4) ═══

( )　　( )　　( )　　( )

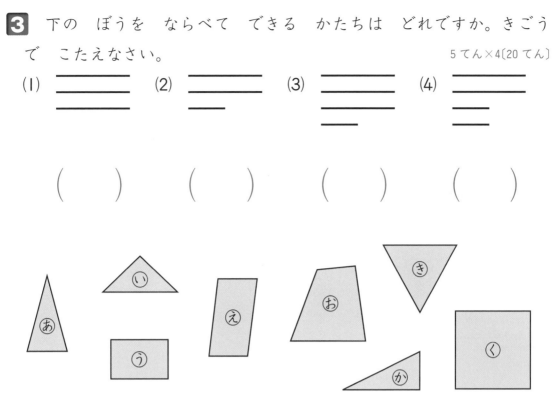

4 ・と ・を せんで つないで, それぞれ ちがう さんかくを 8つ かきなさい。ただし, 右の れいで しめした せんの ながさは おなじ ながさに なります。

4 てん×8〔32 てん〕

1 下の つみ木の そこは, どんな かたちですか。 4てん×6〔24てん〕

(1)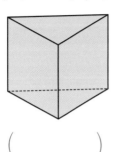

(　　　　　)

(2)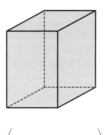

(　　　　　)

(3)

(　　　　　)

(4)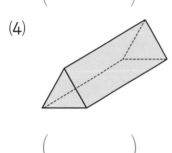

(　　　　　)

(5)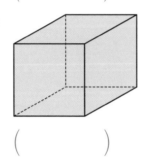

(　　　　　)

(6)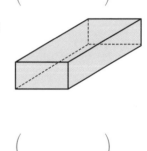

(　　　　　)

2 つみ木を つかって, かみに かたちを うつします。5てん×4〔20てん〕

あ 　　い 　　う 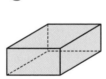　　え

(1) さんかくが うつしとれるのは どれですか。

(　　　　　)

(2) まるが うつしとれるのは どれですか。

(　　　　　)

(3) ながしかくが うつしとれるのは どれですか。

(　　　　　)

(4) おなじ 大きさの かたちしか うつしとれないのは どれですか。

(　　　　　)

3 つぎの かたちが できるのは, 下の どの ぼうを くみあわせ た ときですか。きごうで こたえなさい。 4てん×4〔16てん〕

(1) (2) (3) (4)

( )　　　　( )　　　　( )　　　　( )

4 ・と ・を せんで つないで, それぞれ ちがう しかくを 8 つ かきなさい。 5てん×8〔40てん〕

▶▶▶ トップクラス

| 時間 | 30分 | 得点 | /100 | 答え | p.37 |

1 下の 6つの かたちに ついて, つぎの もんだいに きごうで こたえなさい。

6てん×7〔42てん〕

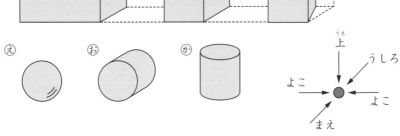

(1) 上と まえから 見た かたちが おなじに なる ものを すべて かきなさい。

（　　　　　　　）

(2) 上と よこから 見た かたちが おなじに なる ものを すべて かきなさい。

（　　　　　　　）

(3) まえと よこから 見た かたちが おなじに なる ものを すべて かきなさい。

（　　　　　　　）

(4) まえと うしろから 見た かたちが ちがう ものを かきなさい。

（　　　　　　　）

(5) 木の いたを くりぬいて つくった 下のような かたが あります。これを とおる ものを すべて かきなさい。

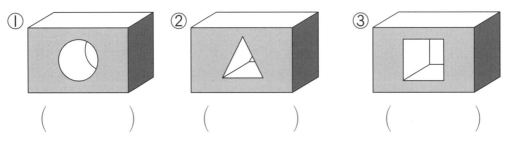

（　　　　　）　　　（　　　　　）　　　（　　　　　）

2 つみ木を 2つ くっつけて, いろいろな かたちを つくりました。これを つかって かみに かたちを うつします。下から うつせる かたちを すべて えらび, きごうで こたえなさい。　7 てん×4〔28 てん〕

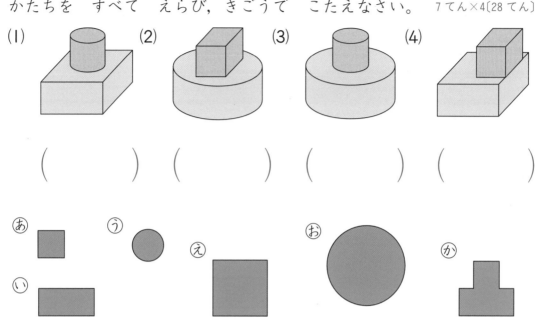

(1) （　　　　　）　(2) （　　　　　）　(3) （　　　　　）　(4) （　　　　　）

あ　う　え　お　か

い

3 右の 3つの かたちは さいころの かたちと それを 2つと 3つ くっつけた かたちの はこに なって います。この はこに いろがみを はりつけます。いろがみ 1まいは, さいころの かたちの □ 1つぶんの 大きさです。　6 てん×5〔30 てん〕

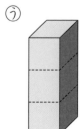

(1) あ, い, うの はこに はれる いろがみの まいすうは, それぞれ なんまいですか。

あ （　　　　　）　い （　　　　　）　う （　　　　　）

(2) あと いの まいすうの ちがいは なんまいですか。

（　　　　　）

(3) さいころの かたちを 5つ くっつけた かたちの はこを つくったら, いろがみは なんまい いりますか。

（　　　　　）

いろいろな かたちや もようを つくる 〈形の構成・分解〉

ねらい 色板や棒などを使って形を作り，数え上げや，移動，分解を練習します。実際に形を作らせて理解させることが大切です。入試では，規則性の問題にこのような図形がからんで出題されることが多いので，しっかり学習させましょう。

▶ 標準クラス

| 時間 | 15分 | 得点 | /100 | 答え | p.38 |

1 下の ずは，□の さんかくの いろいたを なんまいか ならべた かたちです。つぎの もんだいに こたえなさい。　6てん×9〔54てん〕

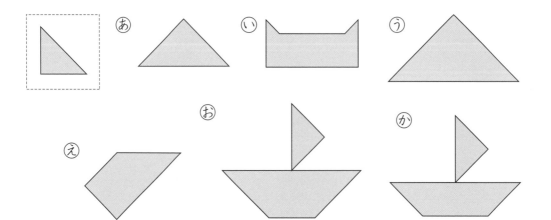

(1) ならべかたが わかるように せんを かき入れなさい。

(2) いろいたを いちばん たくさん つかって いるのは どれですか。きごうで こたえなさい。

(　　　)

(3) いろいたを 3まい つかって いるのは どれと どれですか。きごうで こたえなさい。

(　 と 　)

(4) ⑤から ⑨までの かたちを つくるのに つかった いろいたは ぜんぶで なんまいですか。

(　　　)

2 ぼうを つかって かたちを つくりました。なん本 つかいまし たか。

6てん×3〔18てん〕

(1)　　　　　　　(2)　　　　　　　(3)

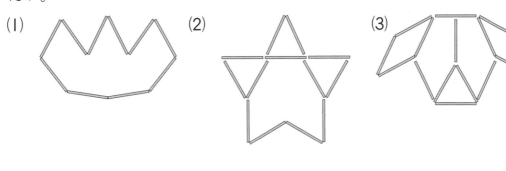

（　　　　）　　（　　　　）　　（　　　　）

3 ・と ・を せんで つないで かたちを つくりました。つぎの もんだいに きごうで こたえなさい。

7てん×4〔28てん〕

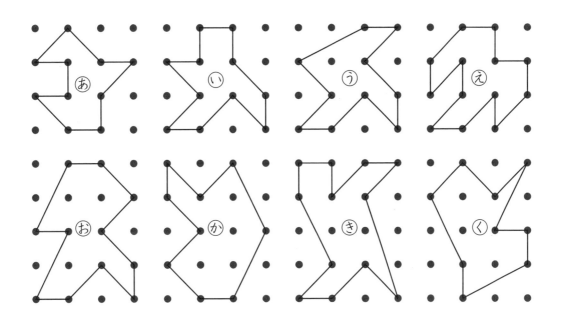

(1) せんの 本すうが おなじ ものは どれと どれですか。

（　と　）（　と　）（　と　）

(2) せんの 本すうが いちばん おおいのは どれですか。

（　　　　　）

ハイクラスA

時間 20分　得点 /100　答え p.38

1 と おなじ 大きさの いろいたで 下の かたちを つくるには、いろいたは なんまい いりますか。　10てん×2〔20てん〕

(1)

(2)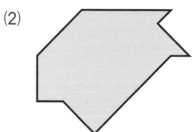

（　　　　　）　　　　　　　　（　　　　　）

2 下と おなじ 大きさの いろいたを なんまいか つかって、この かたちを つくりました。つぎの もんだいに きごうで こたえなさい。　7てん×4〔28てん〕

あ 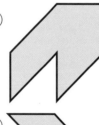　い 　う

え 　お 　か

(1) 5まい つかって できて いるのは どれか ぜんぶ かきなさい。

（　　　　　　　　　　）

(2) まわすと ぴったり かさなるのは どれと どれですか。

（　　と　　）（　　と　　）（　　と　　）

3 左の かたちの ぼうを 2本 うごかして, 右のような かたち
を つくりました。左の かたちで, うごかした ぼうに ○を つけ
なさい。

6てん×4〔24てん〕

(1)　　　　　　　　　　　　　　　　(2)

(3)　　　　　　　　　　　　　　　　(4)

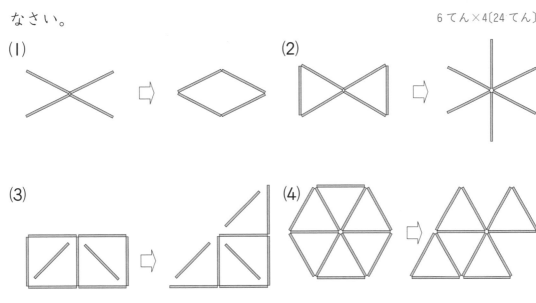

4 ・と ・を せんで つないで 左の かたちと おなじ 大きさ
の かたちを つくりなさい。

7てん×4〔28てん〕

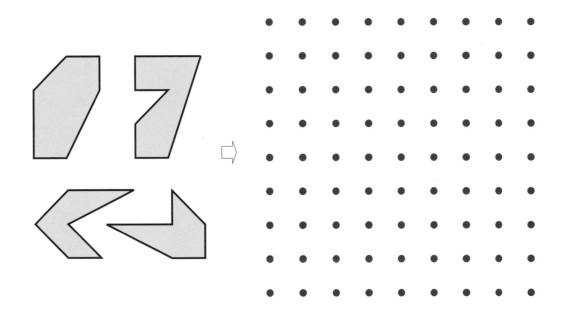

1 と おなじ 大きさの いろいたを つかって かたちを つくりました。左の いろいたを なんまいか うごかして，右のような ちがった かたちを つくりました。左の かたちに せんを かき入れて，うごかした いろいたに ○を つけなさい。

14てん×2〔28てん〕

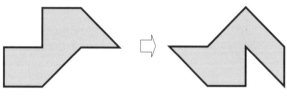

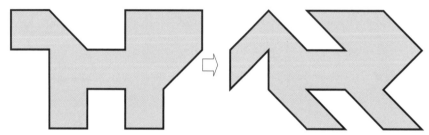

2 下の ☐ の 中の 6本の ぼうで かたちを つくりました。つぎの もんだいに きごうで こたえなさい。

12てん×2〔24てん〕

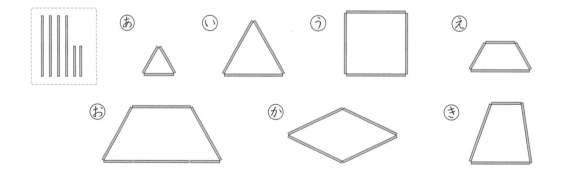

(1) かたちが つくれないのは どれですか。

（　　　　　　）

(2) 6本の ぼうの うち，ながい ぼう 1本を みじかい ぼう 1本に かえると かたちが つくれないのは どれですか。

（　　　　　　）

3 左の かたちの ぼうを 3本 うごかして，右のような かたち を つくりました。左の かたちで，うごかした ぼうに ○を つけ なさい。

12てん×2〔24てん〕

(1)

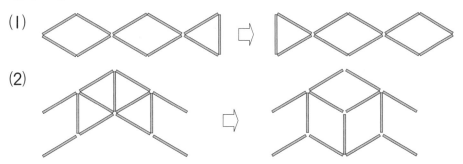

(2)

4 •と •を せんで つないで かたちを つくりました。つぎの もんだいに きごうで こたえなさい。

12てん×2〔24てん〕

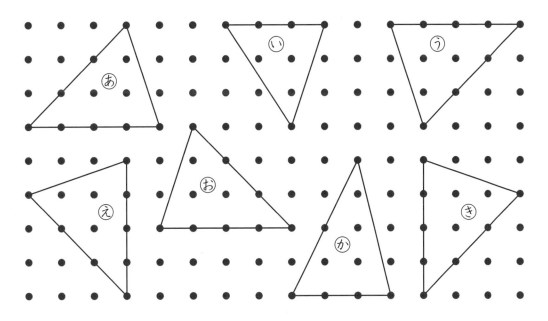

(1) まわすと あと ぴったり かさなるのは どれですか。すべて かきなさい。

( )

(2) (1)の ほかに まわすと ぴったり かさなるものは，どれと ど れですか。

(と)

1 の いろいたを つかって かたちを つくります。つぎ

の もんだいに こたえなさい。　　　　　　　8てん×7〔56てん〕

(1) この いろいたを なんまい つかって いますか。

①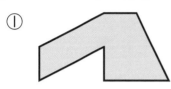

②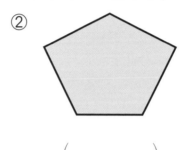

（　　　　　）　　　　　　　　（　　　　　）

(2) この いろいたを 4まいと 5まいを つかって, それぞれ さ
んかくを ひとつずつ 下の ますの 中に かきなさい。

（4まい）　　　　　　　　　　　（5まい）

　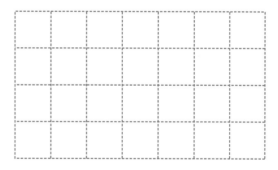

(3) この いろいたを 4まい つかって, ましかくと ながしかくに
ならない しかくを 3つ 下の ますの 中に かきなさい。

2 ぼうを つかって さんかくと しかくを 下のように 1こ, 2 こ, 3こと つくって いきます。5こ つくるには, それぞれ ぼう は なん本 いりますか。　10 てん×2〔20 てん〕

(1)
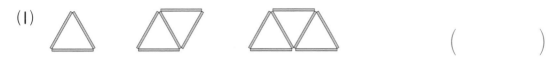
（　　　　）

(2)
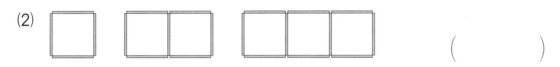
（　　　　）

3 ・と ・を せんで つないで かたちを つくりました。つぎの もんだいに きごうで こたえなさい。　12 てん×2〔24 てん〕

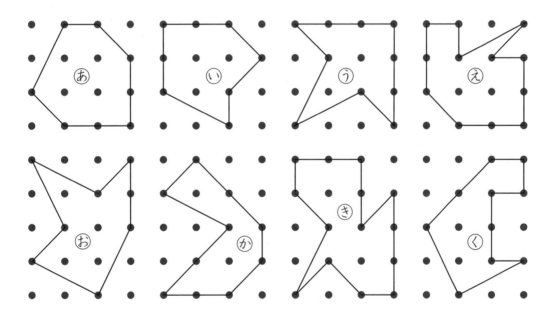

(1) ⓐと おなじ ひろさの かたちは どれですか。ぜんぶ かきな さい。

（　　　　）

(2) ひろさが いちばん ひろいのは どれですか。

（　　　　）

1 下の いれものの たかさは ぜんぶ おなじです。ま上から 見た くちの かたちを いれものの 左に あらわして います。おおく 入る じゅんに ばんごうを かきなさい。　4てん×4〔16てん〕

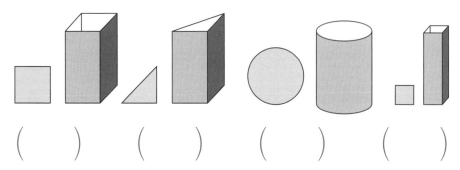

（　　） （　　） （　　） （　　）

2 どちらが ひろいですか。ひろい ほうの きごうを かきなさい。
6てん×2〔12てん〕

(1)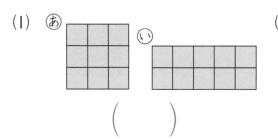

（　　）

(2)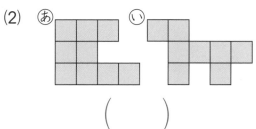

（　　）

3 下の □ の 中の 5本の ぼうで かたちを つくりました。つぎの もんだいに きごうで こたえなさい。　6てん×2〔12てん〕

(1) かたちが つくれないのは どれですか。

（　　　　　　　　　）

(2) ながい ぼう 1本を とっても つくれるのは どれですか。

（　　　　　　　　　）

4 下の ずを 見て，おなじ かたちの なかまを ぜんぶ きごう で こたえなさい。

5 てん×4〔20 てん〕

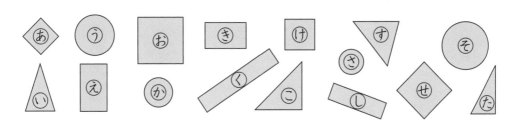

(1) ましかくの なかま

(　　　　　　　　　)

(2) さんかくの なかま

(　　　　　　　　　)

(3) まるの なかま

(　　　　　　　　　)

(4) ながしかくの なかま

(　　　　　　　　　)

5 ◿ の いろいたを ならべて かたちを つくりました。ならべかたが わかるように せんを かき入れなさい。また，なんまい つかうかを （　）に かき入れなさい。

4 てん×6〔24 てん〕

(1)　　　　　　　　　(2)　　　　　　　　　(3)

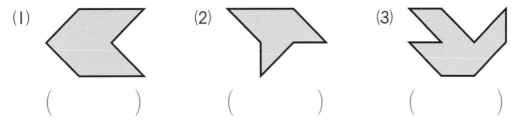

(　　　　　)　　　　(　　　　　)　　　　(　　　　　)

6 ・と ・を せんで つないで 左の かたちと おなじ かたち を つくりなさい。

8 てん×2〔16 てん〕

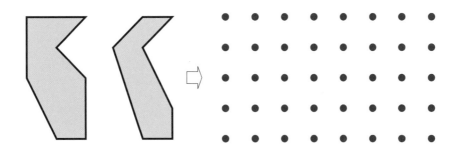

1 下の いれもので おおく 入る じゅんに ばんごうを かきなさい。ただし，えよりも うの ほうが おおく 入ります。〔15てん〕

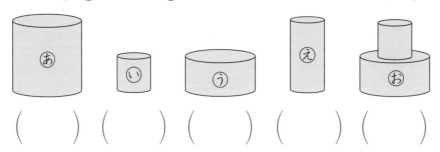

( )　( )　( )　( )　( )

2 右の あから えの かざりが あります。この 中から 2つを つなげます。つぎのように なるのは，どれと どれを つなげた ときか きごうで こたえなさい。　8てん×2〔16てん〕

(1) いちばん ながく なる とき

(と)

(2) 3ばん目に ながく なる とき

(と)

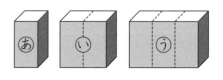

3 右の 3つの かたちは はこの かたちと それを 2つと 3つ くっつけた かたちの はこに なって います。

あの はこは さいころの かたちを 2つ くっつけた かたちです。あの はこは さいころの かたちの □1つぶんの 大きさの いろがみが 10まい はれます。　7てん×3〔21てん〕

(1) ①には なんまい はれますか。 ( )

(2) ③には なんまい はれますか。 ( )

(3) 5つ つけた かたちには なんまい はれますか。 ( )

4 ・と ・を せんで つないで, それぞれ ちがう さんかくを
4つ かきなさい。 4 てん×4〔16 てん〕

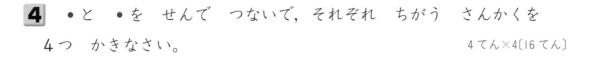

5 左の かたちの ぼうを ( )の なかの 本すう うごかして,
右のような かたちを つくりました。左の かたちで, うごかした
ぼうに ○を つけなさい。 4 てん×4〔16 てん〕

6 ・と ・を せんで つないで かたちを つくりました。つぎの
もんだいに きごうで こたえなさい。 8 てん×2〔16 てん〕

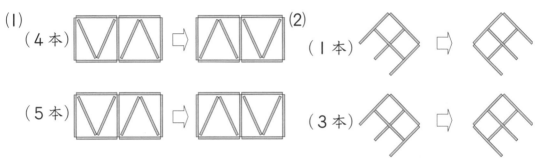

(1) ひろさが 2ばん目に ひろいのは どれですか。

( )

(2) ひろさが おなじ ものは どれと どれですか。

(と)

1 とけい,ひょうと　グラフ 〈時刻と時間, 表とグラフ〉

ねらい　時計は，日常生活の中でよく用いられる道具です。ここでは，その最も基本となる時刻について習得することがねらいです。また，資料について，表やグラフに表すと，数の違いなどの数量の関係がわかりやすくなることをとらえさせます。

標準クラス

時間 15分　得点 ／100　答え p.42

1 右の　とけいを　見て，□に　あてはまる　かずを　かきなさい。　7てん×2〔14てん〕

(1) とけいあの　ながい　はりは　□　の　すう字を　さして　います。いま　□　じです。

(2) とけいいの　みじかい　はりは　□　と　□　の　すう字の　ちょうど　まん中を　さして　います。いま　□　じはんです。

2 なんじですか。または，なんじはんですか。　5てん×4〔20てん〕

(1) 　(2)　(3) 　(4)

(　　　　) (　　　　) (　　　　) (　　　　)

3 たりない　はりを　かきなさい。　6てん×3〔18てん〕

(1) 2じ　　　(2) 9じはん　　　(3) 4じはん

4 クラスの 人の たん生日を 月ごとに ひょうと グラフに しました。

(1) 2 てん×9, (2)〜(7) 5 てん×6〔48 てん〕

月	4月	5月	6月	7月	8月	9月	10月	11月	12月	1月	2月	3月
人ずう	3	5		2	3		4	1		2		4

4月	5月	6月	7月	8月	9月	10月	11月	12月	1月	2月	3月
	○										
	○					○					○
○	○			○		○					○
○	○		○	○		○			○		○
○	○		○	○		○	○		○		○

(1) 上の ひょうに かずを かき入れなさい。また, 上の グラフに ○を かき入れなさい。

(2) 生まれた 人が いちばん すくないのは なん月ですか。

（　　　　　）

(3) 生まれた 人が いちばん おおいのは なん月と なん月ですか。

（　　　と　　　）

(4) 4月に 生まれた 人の かずと おなじなのは, なん月と なん月ですか。

（　　　と　　　）

(5) 9月に 生まれた 人は, 10月に 生まれた 人より なん人 すくないですか。

（　　　　　）

(6) 12月に 生まれた 人は, 1月に 生まれた 人より なん人 おおいですか。

（　　　　　）

(7) この クラスは ぜんぶで なん人ですか。（　　　　　）

ハイクラスA

時間 20分　得点 /100　答え p.42

1 □に あてはまる かずや ことばを かきなさい。 7てん×2〔14てん〕

(1) とけいの 小さい 1目もりは □ を あらわします。す

う字の 1は □ ふん, すう字の 2は □ ぷん, すう字の 9

は □ ふんに なります。

(2) 右の とけいで, ながい はりは すう字の

□ を さして います。この とけいは, いま

□ じはんを あらわして いて, □ じ □ ふんとも いいます。

2 なんじなんぷんですか。 5てん×4〔20てん〕

(1)  (2)  (3)  (4)

(　　) (　　) (　　) (　　)

3 たりない はりを かきなさい。 6てん×3〔18てん〕

(1) 5じ40ぷん (2) 6じ15ふん (3) 10じ35ふん

4 9月の 天気しらべを しました。

4てん×5〔20てん〕

日	1	2	3	4	5	6	7	8	9	10	11	12	13	14	15
天気	○	○	◎	●	◎	○	○	○	●	◎	●	◎	○	○	○

日	16	17	18	19	20	21	22	23	24	25	26	27	28	29	30
天気	○	◎	○	○	●	◎	○	○	◎	●	○	○	◎	○	○

○…はれ，◎…くもり，●…雨

(1) 天気の 日すうを 右の ひょうに かきなさい。

(2) いちばん 日すうの おおいのは，どの 天気です
か。 （　　　　　）

(3) くもりと 雨では，どちらが なん日 おおいです
か。 （　　　　　　　　　　　）

天気	日すう
はれ	
くもり	
雨	

5 まりなさんたちは，コインなげを 20かい しました。 4てん×7〔28てん〕

まりな	○	○	×	×	○	×	×	×	○	×	○	×	×	×	○	×	○	○	×	○
ひろき	×	×	○	×	×	○	×	○	×	○	×	×	○	×	○	×	○	×	○	○
ななこ	×	○	×	×	○	○	×	×	×	○	×	○	×	×	○	×	×	○	×	×
まもる	○	×	×	○	○	×	×	○	○	×	×	○	×	○	×	×	○	×	×	○
ゆみえ	×	○	×	○	×	○	×	○	×	×	○	×	○	×	×	○	×	○	○	×

○…おもて，×…うら

(1) おもてが 出た かいすうを ○を つか
って 右の グラフに あらわしなさい。

(2) おもてが 出た かいすうが 2ばん目に
おおいのは，だれですか。

（　　　　）

(3) うらが 出た かいすうが いちばん お
おいのは，だれですか。

（　　　　）

まりな	ひろき	ななこ	まもる	ゆみえ

1 なんじなんぷんですか。 3てん×4〔12てん〕

(1)  (2)  (3)  (4)

( ) ( ) ( ) ( )

2 とけいの はりを かきなさい。 5てん×3〔15てん〕

(1) 10じ27ふん　　(2) 5じ8ぷん　　(3) 9じ51ぷん

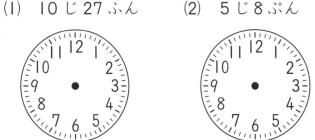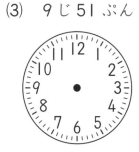

3 なんじに なりますか。また，なんじなんぷんに なりますか。

4点×6〔24点〕

(1)  から，{ 7じかんあとは （　　　　）

9じかんまえは （　　　　）

(2)  から，{ 40ぷんあとは （　　　　）

30ぷんまえは （　　　　）

(3)  から，{ 35ふんあとは （　　　　）

55ふんまえは （　　　　）

4 クラスで さんすうの テストが 2かい ありました。下の ひょうは 2かいの てんすうを まとめた ものです。たとえば，⑥は，1かい目 40てん，2かい目 60てんを とった 人の 人ずうを あらわして います。

7てん×3〔21てん〕

1かい目＼2かい目	0てん	20てん	40てん	60てん	80てん	100てん
0てん		1				
20てん	1	1	3			
40てん		4	1	⑥		
60てん			2	5	3	
80てん			1	2	4	1
100てん				3	2	

(1) 1かい目が 60てんの 人は なん人ですか。　　　（　　　　）

(2) 2かい目が 80てんの 人は なん人ですか。　　　（　　　　）

(3) 1かい目より 2かい目の ほうが てんすうの たかい 人は なん人ですか。　　　　　　　　　　　　　　　（　　　　）

5 えりかさんと ふみやさんは，さいころなげの ゲームを 10かい しました。出た 目の かずの 大きい ほうが かちで，かつと 5てん，ひきわけは 3てん，まけると 1てんです。　　7てん×4〔28てん〕

なまえ＼かい	1	2	3	4	5	6	7	8	9	10	てんすう
えりか	⚁	⚄	⚄	⚃	⚂	⚄	⚀	⚄	⚀	⚁	
ふみや	⚄	⚂	⚄	⚅	⚂	⚀	⚄	⚄	⚄	⚄	

(1) 2人の てんすうを それぞれ 上の ひょうに かきなさい。

(2) 7かい目に えりかさんが ⚁を 出して いたら，ふみやさんの てんすうは なんてんに なって いましたか。　（　　　　）

(3) 10かい目に えりかさんが どの 目を 出して いたら，2人の てんすうが おなじに なって いましたか。　（　　　　）

1 ともだち 5人が こうえんに あつまりました。

○ まさとさんは 3じ50ぷんに つきました。

○ みゆきさんは 4じ13ぷんに つきました。

○ けんじさんは まさとさんより まえに きて いました。

○ ともみさんは 4じすぎに つきましたが, みゆきさんより あとでした。

○ やすしさんは 4じまえに つきましたが, まさとさんより あとでした。

こうえんに ついた じゅんばんに なまえを こたえなさい。〔20てん〕

(　　　)(　　　)(　　　)(　　　)(　　　)

2 つぎの もんだいに こたえなさい。　　　10てん×3〔30てん〕

(1) あきらさんは, かがみに うつった とけいを 見て, はりの かたちから 4じ36ぷんだと おもいました。ほんとうは なんじなんぷんでしたか。　　　　(　　　)

(2) あすかさんは, 学校で 9じはんから 12じ20ぷんまで えいがを 見ました。とちゅう 15ふんの 休けいが 2かい ありました。えいがは なんじかんなんぷん ありましたか。
(　　　)

(3) はるなさんの いえの とけいは 10ぷん おくれて います。はるなさんは いえの とけいで 7じ45ふんに いえを 出て, 学校の はじまる じかんの 10ぷんまえに 学校に つきました。いえから 学校までは 35ふん かかりました。学校の はじまる じかんは なんじなんぷんですか。
(　　　)

3 右の ひょうは, クラスの けいさんテストと かん字テストに ついて, てんすうごとに 人ずうを まとめた ものです。

5てん×4〔20てん〕

けいさん＼かん字	0てん	2てん	4てん	6てん	8てん	10てん
0てん	1					
2てん	1	1				
4てん		2	3	4		
6てん			5	4	4	
8てん				6	3	1
10てん				1	2	2

(1) けいさんテストが 5てんより ひくい 人は なん人 いますか。 （　　　）

(2) どちらも てんすうが おなじ 人は なん人 いますか。 （　　　）

(3) どちらも 5てんより たかい 人は なん人 いますか。 （　　　）

(4) けいさんテストの ほうが かん字テストより てんすうの たかい 人は なん人 いますか。 （　　　）

4 まことさんたちは, じゃんけんを 8かい しました。1人だけ かった ときは その 人が 10てん, まけた 2人が 4てんずつ, 2人が かった ときは その 2人が 8てんずつ, まけた 1人が 2てん, あいこは 3人が 6てんずつに なります。 10てん×3〔30てん〕

なまえ＼かい	1	2	3	4	5	6	7	8	てんすう
まこと	グー	グー	チョキ	パー	チョキ	パー	チョキ	グー	
しんじ	チョキ	グー	チョキ	パー	パー	チョキ	グー	グー	
さとし	グー	パー	チョキ	グー	パー	グー	チョキ	チョキ	

(1) 3人の てんすうを 上の ひょうに かきなさい。

(2) 5かい目に まことさんが グーを 出して いたら, だれの てんすうが いちばん たかく なって いましたか。 （　　　）

(3) 8かい目に まことさんと しんじさんが それぞれ なにと なにを 出して いたら, 3人の てんすうが おなじに なって いましたか。 まことさん（　　　） しんじさん（　　　）

| 時間 | 25分 | 得点 | /100 | 答え | p.45 |

1 なんじなんぷんですか。　　　　　　　　　　3てん×4〔12てん〕

(1) 　(2) 　(3) 　(4)

(　　　　)　(　　　　)　(　　　　)　(　　　　)

2 とけいの　はりを　かきなさい。　　　　　　5てん×3〔15てん〕

(1)　8じ49ふん　　　(2)　3じ33ぷん　　　(3)　2じ14ふん

3 なんじ　または　なんじはんに　なりますか。　5てん×2〔10てん〕

　から，
{
ながい　はりが　5かい　まわると　(　　　　)
ながい　はりが　8かいはん　まわると　(　　　　)
}

4 さくらさんは，1じはんから　2じかん　そとで　あそび，その　あと　30ぷん　おやつを　たべてから，5じはんまで　べんきょうを　しました。　　　　　　　　　　　　　　　7てん×2〔14てん〕

(1) おやつを　たべはじめたのは　なんじなんぷんですか。

(　　　　　　)

(2) べんきょうを　した　じかんは，なんじかんなんぷんですか。

(　　　　　　)

5 たつやさんたちは, 玉入れを 15かい しました。　3てん×7〔21てん〕

たつや	×	○	×	×	○	×	○	×	×	○	×	○	×	×	○
ゆきな	○	○	×	×	○	×	○	○	×	×	○	×	○	○	×
なおき	×	×	○	×	○	×	○	×	×	○	×	○	×	×	○
ももこ	×	○	×	○	×	○	×	×	○	○	×	○	○	×	×
けんた	○	×	○	○	×	×	○	×	○	○	×	○	×	○	○

○…玉が 入った

×…玉が 入らな
　　かった

(1) 玉が 入った かいすうを ○を つかって 右の グラフに あらわしなさい。

(2) 玉が 入った かいすうが いちばん すくないのは, だれですか。

（　　　　　）

(3) 玉が 入らなかった かいすうが 2ばん目に おおいのは, だれですか。

（　　　　　）

た つ や	ゆ き な	な お き	も も こ	け ん た

---

6 けんじさんと あやのさんは, じゃんけんを 10かい しました。かつと 10てん あいこは 5てん, まけると 0てんです。

4てん×7〔28てん〕

なまえ ＼ かい	1	2	3	4	5	6	7	8	9	10	てんすう
けんじ	パー	チョキ	パー	グー	チョキ	グー	パー	グー	グー	チョキ	
あやの	グー	グー	パー	チョキ	チョキ	パー	グー	グー	チョキ	パー	

(1) 2人の てんすうを 上の ひょうに かきなさい。

(2) 6かい目と 8かい目に けんじさんが パーを 出して いたら, あやのさんの ぜんぶの てんすうは なんてんに なって いましたか。

（　　　　　）

(3) 9かい目と 10かい目に けんじさんが それぞれ なにと なにを 出して いたら, 2人の てんすうが おなじに なって いましたか。

9かい目（　　　）　10かい目（　　　）

または, 9かい目（　　　）　10かい目（　　　）

1 □の ある しき 〈逆算, 未知数の求め方〉

ねらい 逆算は, 1年生では未習ですが, 算数の考え方の中で重要な位置を占めるもので, 今から簡単なパターンのものはできるようにしておきましょう。わからない数を求めたり, 検算をしたりするときに用いられますし, 将来は, これが文字式へとつながります。

▶ 標準クラス

| 時間 | 15分 | 得点 | /100 | 答え | p.46 |

1 12まいの おりがみを なんまいか つかい, のこった おりがみの かずを しらべたら 8まいでした。つかった おりがみは なんまいですか。 4てん×3〔12てん〕

```
     ┌──12まい──┐
     ★  ┌──8まい──┐
```

(1) つかった おりがみの かずを ★と すると, つぎの しきの □に あてはまる かずは いくつに なりますか。

① たしざん 〔しき〕 ★＋□＝□ ⇨ ★＝□－□

② ひきざん 〔しき〕 □－★＝□ ⇨ ★＝□－□

(2) つかった おりがみは, なんまいですか。 (   )

2 ともやさんは えんぴつを 7本, ひできさんも えんぴつを なん本か もって います。2人 あわせると 16本です。ひできさんの もって いる えんぴつの かずを ★と して, □に あてはまる かずを かきなさい。また, ★は なん本に なりますか。 〔10てん〕

〔しき〕 □＋★＝□ ⇨ ★＝□－□

こたえ (   )

3 ゆりえさんは あめを 17こ もって います。いもうとに ★こ あげたので, 7こに なりました。いもうとに なんこ あげましたか。

〔しき〕 □－★＝□ ⇨ ★＝□－□ 〔10てん〕

こたえ (   )

4 りんごが なんこか ありました。おかあさんが 5こ かって きたので, ぜんぶで 13こに なりました。りんごは はじめ なんこ ありましたか。 〔10てん〕

〔しき〕 ★+□ = □ ⇨ ★= □ − □

こたえ （　　　　　　）

5 いちごが なんこか ありました。かおりさんが 6こ たべたの で, のこりは 14こに なりました。いちごは はじめ なんこ あり ましたか。 〔10てん〕

〔しき〕 ★−□ = □ ⇨ ★= □ + □

こたえ （　　　　　　）

6 □に あてはまる かずを かきなさい。 3てん×8〔24てん〕

(1) 4+□=7

(2) 5+□=9

(3) 11+□=27

(4) 15+□=28

(5) □+8=17

(6) □+6=14

(7) □+14=20

(8) □+18=30

7 □に あてはまる かずを かきなさい。 3てん×8〔24てん〕

(1) 8−□=3

(2) 9−□=2

(3) 16−□=14

(4) 17−□=10

(5) □−12=8

(6) □−15=20

(7) □−30=19

(8) □−40=26

1 よしのさんは 本を きょうまでに ★ページ よんで あります。きょう 19ページ よんだら 36ページに なりました。□に あてはまる かずを かき，★を もとめなさい。〔10てん〕

〔しき〕　★＋ ▢ ＝ ▢ ⇨ ★＝ ▢ － ▢

こたえ （　　　　　）

2 ひろしさんは ビー玉を ★こ もって います。すずかさんは 24こ もって います。2人 あわせると 51こに なります。**1**と おなじように しきを つくって，★を もとめなさい。〔10てん〕

〔しき〕

こたえ （　　　　　）

3 すすむさんは ガムを なんまいか もって いました。たかしさんと 2人で 25まい たべたので，のこりは 28まいに なりました。はじめの ガムの かずを ★と して しきを つくって，★を もとめなさい。〔10てん〕

〔しき〕

こたえ （　　　　　）

4 みかんが なんこか あったので みずえさんが 4こ，おとうとが 3こ たべたら，のこりが 6こに なって しまいました。はじめ，みかんは なんこ ありましたか。はじめの みかんの かずを ★と して しきを つくって，★を もとめなさい。〔10てん〕

〔しき〕

こたえ （　　　　　）

5 にわとりが きのう 20こ，きょう 12こ たまごを うみました。きょうの ひるごはんに たまごを 14こ つかいました。のこって いる たまごの かずは いくつですか。

のこって いる たまごの かずを ★と して，
□に あてはまる かずを かき，★を もとめ
なさい。　〔10てん〕

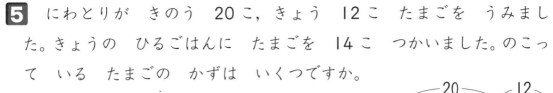

〔しき〕　□＋★＝20＋□　⇨　□＋★＝□

　　　　　⇨　★＝□－□　　　　こたえ（　　　　　）

6 ともよさんは おはじきを 38こ，まなみさんは おはじきを 43こ もって います。2人の おはじきを いっしょに して，そこから かなえさんに 29こ あげました。のこりを ★こ として しきを つくり，★を もとめなさい。　〔10てん〕

〔しき〕

こたえ（　　　　　）

7 □に あてはまる かずを かきなさい。　4てん×10〔40てん〕

(1)　19＋□＝21＋24

(2)　63＋□＝76＋16

(3)　28＋41－□＝36

(4)　58＋34－□＝43

(5)　80－54＋□＝42

(6)　92－29－□＝37

(7)　□－22＝50－13

(8)　□－27＝71－54

(9)　□＋38＝93－26

(10)　□－24＝28＋39

▶▶▶ トップクラス

1 □に あてはまる かずを かきなさい。　　6てん×9〔54てん〕

(1) 16+4+□=13+18

(2) 21+32+□=45+23

(3) 39+47−□=24+33

(4) 48+36−□=25+46

(5) □+26+17=85−18

(6) □+14+31=91−19

(7) 72−47−□=59−38

(8) 88−31−□=97−54

(9) □+76−67+58=15+26+37+18

2 □を つかった しきを かいて, つぎの もんだいに こたえなさい。　　8てん×2〔16てん〕

(1) 白い あめ 24こと 赤い あめ 37こを もって いました。そのうち □こ たべて, のこりを おとうとに 18こ, いもうとに 29こ あげたところ なくなりました。たべたのは なんこですか。

〔しき〕

こたえ (　　　　　)

(2) みかんを 3つの さらに わけます。白の さらに □こ, 赤の さらに 22こ, 青の さらに 19こ のせました。みかんは, ぜんぶで 73こ ありましたが, 16こは くさって いて すてました。白の さらには なんこ のせましたか。

〔しき〕

こたえ (　　　　　)

3 下の ずは ぼうを ならべて かたちを つくった ものです。しきに あうように, まん中の □の 中に あてはまる ぼうの かたちを かき入れなさい。 〔10 てん〕

4 下の ずは, ○, □, △を いくつか まとめた ものを あらわして います。しきに あうように, まん中の □の 中に あてはまる ○, □, △の えを かきなさい。ただし, かく いちは どこでも かまいません。 〔10 てん〕

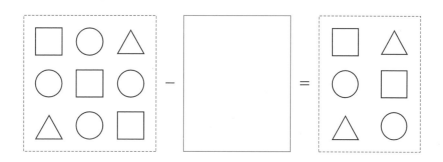

5 下の ずは ひろさと かたちを あらわして います。しきに あうように, まん中の □の 中の てんせんを つかって, ずを かきなさい。ただし, ひろさや かたちを かんがえて かきなさい。 〔10 てん〕

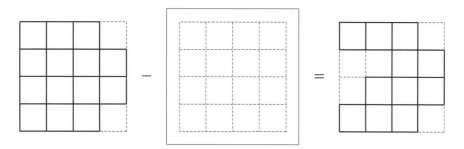

2 いろいろな ばあいを かんがえよう 〈場合の数〉

ねらい 場合の数や組み合わせの基本についてここで学びます。与えられた条件をよく理解し，何通りのちがった組み合わせができるか考えていきましょう。最初は，おはじきやさいころ，カードなどを用いてやってみると，理解もはやいでしょう。

標準クラス

| 時間 | 15分 | 得点 | /100 | 答え | p.48 |

1 赤，青，白の おはじきが 1こずつ あります。

この 3この おはじきを 1れつに ならべます。

赤 青 白

6てん×4〔24てん〕

(1) いちばん目に 赤が くる ならべかたは, なんとおり ありますか。

（　　　　）

(2) いちばん目に 青が くる ならべかたは, なんとおり ありますか。

（　　　　）

(3) いちばん目に 白が くる ならべかたは, なんとおり ありますか。

（　　　　）

(4) 赤，青，白の おはじきの ならべかたは, なんとおり ありますか。

（　　　　）

2 やすしさん, みなさん, のぼるさんの 3人が 1人ずつ ぶらんこに のります。3人が ぶらんこに のる じゅんばんの くみあわせは, なんとおり ありますか。　〔12てん〕

（　　　　）

3 右のような はたが あります。この はたを みどり, きいろ, 赤の 3つの いろに ぬりわけます。3つの いろ ぜんぶを つかって ぬりわけると, ぬりかたは なんとおり ありますか。　〔12てん〕

（　　　　）

4 きょうこさん, たくやさん, ふみさん, しょうたさんの 4人が リレーに 出ます。 8てん×2〔16てん〕

(1) いちばん目に きょうこさんが はしる じゅんばんの くみあわせは, なんとおり ありますか。

（　　　　）

(2) 4人が はしる じゅんばんの くみあわせは, なんとおり ありますか。

（　　　　）

5 赤チームと 青チームと 白チームの 3つの チームで ドッチボールの しあいを します。どの チームとも しあいを する ばあい, しあいの かずは ぜんぶで なんとおり ありますか。〔12てん〕

（　　　　）

6 ①, ②, ③, ④, ⑤の 5まいの カードが あります。2まいの カードを とって, その かずを たします。 6てん×4〔24てん〕

(1) たした かずが 7に なる カードの くみあわせを こたえなさい。

（　　と　　）,（　　と　　）

(2) たした かずが 5に なる カードの くみあわせは, いくつ ありますか。

（　　　　）

(3) ⑥の カードを くわえて 6まいに しました。たした かずが 7に なる カードの くみあわせは, いくつ ありますか。

（　　　　）

(4) ⑦の カードも くわえて 7まいに しました。たした かずが 8に なる カードの くみあわせは, いくつ ありますか。

（　　　　）

1 右のような みちが あります。さとしさんが い
えから 学校まで とおまわりしないで いく いきか
たは なんとおり ありますか。 〔8てん〕

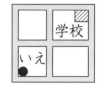

(   )

2 4つの チームで サッカーの しあいを します。どの チーム
とも しあいを する ばあい，しあいの かずは ぜんぶで なんと
おり ありますか。 〔8てん〕

(   )

3 さいころを 3こ ふって 出た 目の うち 1つを つぎの
ように して なんぷんに します。•の 目は 10ぷん，∴の 目
は 20ぷん，……，⋰の 目は 50ぷん，⫶⫶の 目は 0ふんと（なが
い はりの 60ぷんと 0ふんは おなじだから）します。のこりの
2つは 目の かずを あわせて なんじを あらわす ことに します。

6てん×4〔24てん〕

(1) •と ∴と ⫶⫶の 目が 出た ときの じこくを 下の と
けいに かきなさい。ただし 青い さいころの 目を なんぷんに
します。

① •と ∴と ⫶⫶

② •と ∴と ⫶⫶

③ •と ∴と ⫶⫶

(2) ∴と ∴と ⫶⫶の 目が 出た ときの じこくを すべて
かきなさい。 (   )

4 ①から ⑦までの すう字を かいた カードが 7まい あります。

8 てん×6〔48 てん〕

(1) この 中から 2まい とった とき，つぎのような カードの
とりかたに なるのは，なんとおり ありますか。

① 2まいの うち，小さい ほうの カードが ④に なる とき

( )

② 2まいの うち，大きい ほうの カードが ⑤に なる とき

( )

(2) この 中から 3まい とった とき，つぎのような カードの
とりかたに なるのは，なんとおり ありますか。

① 3まいの カードが つづいた すう字に なる とき

( )

② 3まいの 中で，いちばん 小さい カードが ④に なる とき

( )

③ 3まいの 中で，いちばん 大きい カードが ⑤に なる とき

( )

④ 3まいの 中で，2ばんめに 大きい カードが ③に なる
とき

( )

5 10円玉が 2こと 5円玉が 3こと 1円玉が 3こ あります。

6 てん×2〔12 てん〕

(1) 23円を はらう はらいかたは，なんとおり ありますか。

( )

(2) 25円より すくなくて，はらえない ねだんは なんとおり あ
りますか。

( )

1 男の子が しんやさんと りょうさんの 2人, 女の子が かなさん, りかさん, ゆみさんの 3人 います。2人と 3人の くみに わかれる とき, つぎの もんだいに こたえなさい。 10てん×2〔20てん〕

(1) どちらの くみにも 男の子が いるように する わかれかたは, なんとおり ありますか。

(　　　　　)

(2) どちらの くみにも 女の子が いるように する わかれかたは, なんとおり ありますか。

(　　　　　)

2 すごろくを します。さいころを 3こ ふって, 出た 目の かずを あわせた ぶんだけ すすみます。 10てん×3〔30てん〕

(1) 9つ すすむ ときの さいころの 目の くみあわせを ぜんぶ こたえなさい。

(　と　　と　)(　と　　と　)(　と　　と　)
(　と　　と　)(　と　　と　)(　と　　と　)

(2) 8つ すすむ ときの さいころの 目の くみあわせは, なんとおり ありますか。

(　　　　　)

(3) さとるさんは あと 15より おおく すすむと 「上がり」に なります。その さいころの 目の くみあわせは, なんとおり ありますか。

(　　　　　)

3 ①から ⑦までの すう字を かいた カードが 7まい ありま
す。この 中から つよしさんが 2まい とり，つづいて まさるさ
んが 2まい とります。2まいとも もう 1人の 2まいより か
ずが 大きい とき かちに なる ゲームを します。 10てん×4〔40てん〕

(1) つよしさんが かつ とき，つぎのように なる カードの とり
　かたは なんとおり ありますか。

　① つよしさんの 2まいの カードの 小さい ほうの かずが
　　④の ときの まさるさんの とりかた

　　　　　　　　　　　　　　　　　　　　　（　　　　　）

　② つよしさんの 2まいの カードの 小さい ほうの かずが
　　⑤の ときの まさるさんの とりかた

　　　　　　　　　　　　　　　　　　　　　（　　　　　）

　③ つよしさんの 2まいの カードの 大きい ほうの かずが
　　⑥の ときの まさるさんの とりかた

　　　　　　　　　　　　　　　　　　　　　（　　　　　）

(2) つよしさんの カードが ⑦と ④で ひきわけに なりました。
　まさるさんの カードの とりかたは なんとおり ありますか。

　　　　　　　　　　　　　　　　　　　　　（　　　　　）

4 さちこさんの いえから 学校までは，右
のような みちが あります。とおまわりを
しないで，いえから 学校へ いく いきかた
は なんとおり ありますか。 〔10てん〕

さちこさんのいえ

　　　　　　　　　　　（　　　　　）

3 どんな かたちかな〈図形認識〉

ねらい　図形の集合から，条件にあうものを選別する問題や，立体図形をイメージして答える問題など，正しく図形認識する能力を身につけることは，上級学年になって複雑な問題を解くのに必要不可欠です。ここでは基礎的な力を養うことをねらいとしています。

標準クラス

| 時間 | 15分 | 得点 | /100 | 答え | p.50 |

1 □と ○と △を なんこか □の 中に ならべました。あてはまる ものを きごうで こたえなさい。

8てん×5〔40てん〕

あ △○□○ / □□△□ / △○○△ / ○△□○

い ○△△○ / □□○□ / △△□△ / ○□○○

う ○○△□ / □△○○ / △○□△ / ○□△○

え □□□△ / ○△□○ / □○△□ / ○□△○

お □○△△ / △△□○ / □□○□ / ○△□○

か □○△△ / ○△□○ / □□○△ / △□△○

(1) □より ○が おおい もの。

（　　　），（　　　），（　　　）

(2) △と □を あわせた かずが いちばん おおい もの。

（　　　）

(3) □と □が となりあって いる かずが いちばん おおい もの。

（　　　），（　　　）

(4) おなじ かたちの ものが となりあって いる かずが いちばん おおい もの。

（　　　）

(5) 左から 右へ，または 上から 下へ，□，△，○と ならんでいる くみあわせの かずが いちばん おおい もの。　（　　　）

2 つみ木を 1だん目に 1こ, 2だん目に 2こ, ……と いうよう
に つんで いって, 右のような かたちを つくりました。

(1)〜(5)8 てん×5, (6)10 てん×2〔60 てん〕

(1) 4だん目と 5だん目に つかう つみ木の かず
を あわせると, なんこに なりますか。(　　　　)

(2) 3だん目と 7だん目に つかう つみ木の かず
は なんこ ちがいますか。　　(　　　　)

(3) 7だん目まで つんだ かたちを つくる とき
つみ木は ぜんぶで なんこ つかいますか。

(　　　　)

(4) 3だん目まで つんだ つみ木を 上から 見ると
かくれて 見えない つみ木は なんこ ありますか。

(　　　　)

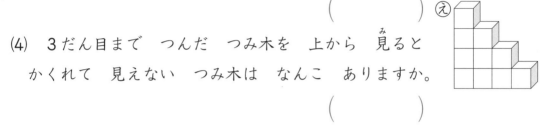

(5) 7だん目まで つんだ つみ木の 上の 1だん目と 2だん目を
とりのぞきました。これを 上から 見た とき, かくれて 見えな
い つみ木は なんこ ありますか。

(　　　　)

(6) これらと おなじ かたちを した 水が 入る いれものを つ
くりました。

① ⓘの かたちの いれもので, ⓔの かたちの いれものに な
んかいか 水を 入れて さいごの のこりを ⓐの かたちの
いれもので いっぱいに しました。ⓘを なんかい, ⓐを なん
かい つかいましたか。　　ⓘ(　　　　), ⓐ(　　　　)

② 6だんの かたちの いれものに ⓤの かたちの いれもので
なんかいか 水を 入れて さいごの のこりを ⓐの かたちの
いれもので いっぱいに しました。ⓤを なんかい, ⓐを なん
かい つかいましたか。　　ⓤ(　　　　), ⓐ(　　　　)

1 しかくい かみを おなじ かたちに なるように 2つに わけ
ます。この とき，ちがう えが 1つずつ 入って いるように し
ます。わける ところに せんを ひきなさい。　　　6てん×3〔18てん〕

(1) 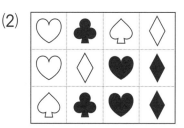　(2)　(3)

2 □と ○と △の 大きい かたちの 中に，小さい かたちの □
と ○と △を なんこか ならべました。　　　10てん×3〔30てん〕

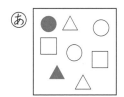　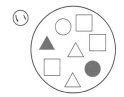　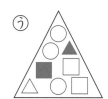

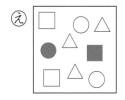　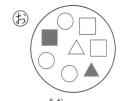　

(1) 大きい かたちと おなじ 青の かたちが ある もので，大き
　　い かたちと おなじ 小さい かたちの かずが いちばん おお
　　い ものは どれですか。　　　　　　　　　　　　（　　　）

(2) 青い かたちと おなじ 小さい かたちの かずが，いちばん
　　すくない ものは どれですか。　　　　　　　　　（　　　）

(3) 大きい かたちと 小さい かたちを あわせて，いちばん おお
　　い かずの かたちに 青が ない ものは，どれですか。

　　　　　　　　　　　　　　　　　　　　　（　　　），（　　　）

3 赤，青，白，きいろの さいころの かたちの つみ木が 2こずつ あります。この つみ木を 左下のように つみました。これを，いろいろな ほうこうから 見た ところ，つぎのように 見えました。

上
青	白
赤	赤

まえ
赤	赤
青	白

右
赤	白
白	き

左から 見ると，どのように 見えますか。　〔12てん〕

あ
青	白
赤	白

い
青	赤
き	青

う
青	赤
赤	青

え
赤	赤
き	白

（　　　　　）

4 つみ木を 1だん目に 1こ，2だん目に 3こ，……と つんで いきます。　8てん×5〔40てん〕

(1) 5だん目まで つんだ かたちを つくる とき，つみ木は ぜんぶで なんこ つかいましたか。

（　　　　　）

(2) えの かたちを まえから 見た とき，かくれて 見えない つみ木は なんこ ありますか。

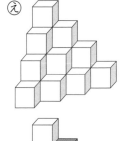

（　　　　　）

(3) えの かたちから 青い 2この つみ木を とりのぞきました。つぎの ほうこうから 見た とき，かくれて 見えない つみ木は なんこ ありますか。

① まえ（　　　　　） ② 上（　　　　　）

(4) えの かたちから 青い 6つの つみ木を とりのぞきました。まえから 見た とき，かくれて 見えない つみ木は なんこ ありますか。

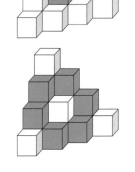

（　　　　　）

1 おなじ かたち, おなじ 大きさの ものが 4つ できるように, 下の ずを きりわけます。きりとりせんを こたえなさい。

(1) 6 てん, (2)・(3) 8 てん〔22 てん〕

(1)

(2)
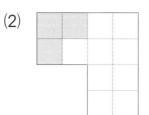

(3)
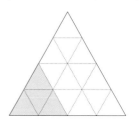

2 □と ○と △の 大きい かたちの そとと 中に, □と ○と △の 小さい かたちを なんこか ならべました。

8 てん×3〔24 てん〕

あ
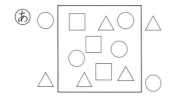

い

う
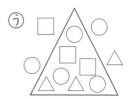

え
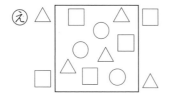

お

か
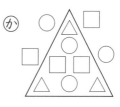

(1) そとの 小さい かたちの かずと 中の 小さい かたちの か ずが おなじに なる ものは どれですか。

( ), ( )

(2) □と ○と △の 小さい かたちについて, そとの かずと 中 の かずの ちがいが ぜんぶ おなじに なる ものは どれです か。

( )

(3) 大きい かたちと そとの 小さい かたちが ちがう もので, △と □を あわせた かずが, いちばん おおい ものは どれで すか。

( )

3 つみ木を 1だん目に 1こ，2だん目に 4こ，……と つんで
いって，右のような かたちを つくりました。

9てん×6〔54てん〕

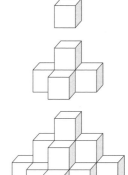

(1) 5だん目まで つんだ かたちを つくる とき，
つみ木は ぜんぶで なんこ つかいますか。

（　　　　　）

(2) 5だん目まで つんだ かたちを 上から 見た
とき，かくれて 見えない つみ木は なんこ あ
りますか。　　　　　　　（　　　　　）

(3) 5だん目まで つんだ かたちを 右から 見た
とき，どんな かたちに 見えますか。つぎから
えらび，きごうで こたえなさい。（　　　　　）

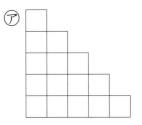 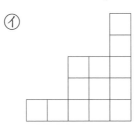 

㋐　　　　　　　　　㋑　　　　　　　　　㋒

(4) 右の ずのように ㋐から ㋑まで へりの
上を いちばん みじかく ひもで むすびま
す。（この ばあい 2つ あります）。

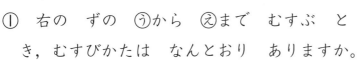

れんしゅうよう

① 右の ずの ㋒から ㋓まで むすぶ と
き，むすびかたは なんとおり ありますか。

（　　　　　）

② 右の ずの ㋔から ㋕まで むすぶ と
き，むすびかたは なんとおり ありますか。

（　　　　　）

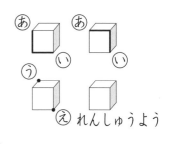

③ 右の ずの ㋖から ㋗まで むすぶ と
き，むすびかたは なんとおり ありますか。

（　　　　　）

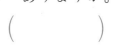
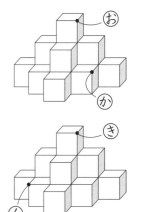

4 ひょうを つかって かんがえよう 〈表を使った問題〉

ねらい 表を利用する問題は，中学入試ではよく出題されます。ここでは，表を作ったり，表から読み取ったりする基本的な問題を取り上げて，練習できるようにしてあります。慣れないうちは，難しく感じることも多いですが，表を自分でも書いて考えるように指導して下さい。

▷ 標準クラス

時間	15分	得点	/100	答え	p.52

1 1から 9までの 9つの かずを ひょうに ならべます。下の (もと)の ならびかたから となりどうしの 2つの かずを なんかいか 入れかえて ⓐ～ⓞの ひょうを つくりました。たとえば，ⓐの ひょうの 2と 1は (もと)の ひょうの 1と 2が 1かい 入れかわって います。ⓐの ひょうは ほかの ところも なんかいか 入れかわって います。できるだけ すくない かいすうで 入れかわりを する ことに します。

10 てん×5〔50 てん〕

(1) ⓐの ひょうは なんかい かずを 入れかえて いますか。

( )

(2) ⓘの ひょうは なんかい かずを 入れかえて いますか。

( )

(3) ⓤの ひょうは なんかい かずを 入れかえて いますか。

( )

(4) ⓔの ひょうは なんかい かずを 入れかえて いますか。

( )

(5) ⓞの ひょうは なんかい かずを 入れかえて いますか。

( )

(もと)

1	2	3
8	9	4
7	6	5

ⓐ

2	1	4
7	9	3
8	5	6

ⓘ

1	3	4
8	6	2
9	7	5

ⓤ

1	8	3
2	5	4
7	6	9

ⓔ

9	1	2
7	8	3
6	5	4

ⓞ

8	6	5
7	2	4
1	9	3

2 ○, △, □の 3つの かたち を ひょうに 4つずつ ならべ ます。右の (れい)のように 2 つの ひょうから 1つの ひょ うを つくります。おなじ とこ ろに ある かたちが おなじ ときは その かたちを, ちがう ときは もう一つの かたちを かく ことに します。

あ～おの ひょうの 中から 2つの ひょうを えらんで こ の きまりで ひょうを つくり ます。 10てん×5〔50てん〕

(1) できた ひょうの かたちが 4つとも ぜんぶ ○に なる のは あ～おの どれと どれ を あわせた ときですか。

(と)

(2) できた ひょうの かたちが 4つとも ぜんぶ △に なるのは あ～おの どれと どれを あわせた ときですか。 (と)

(3) できた ひょうの かたちが 4つとも ぜんぶ □に なるのは あ～おの どれと どれを あわせた ときですか。 (と)

(4) ○, △, □の 3つの かたちが ぜんぶ できる くみあわせは なんくみ ありますか。 ( )

(5) ○と △の 2つの かたちだけが できる くみあわせは なん くみ ありますか。 ( )

(れい)

あ　い　う　え　お

1 4人の 男の子の チームと, 4人の 女の子の チームとで, どの あいての 人とも 5ゲームずつ たいせんを しました。右の ひょうは 男の子が かった ゲームの かず です。ひきわけは ありません。たとえば, いちばん 左の いちばん 上の 3は じゅんさんが あやかさんに 5ゲームの うち 3ゲーム かったことを あらわして います。

女＼男	じゅん	さとる	かつや	ひでき
あやか	3	1	4	0
ゆきな	2	5	1	3
ももえ	3	2	2	3
さおり	1	3	3	2

10 てん×5〔50 てん〕

(1) ゲームに かった かいすうが いちばん おおい 人は だれですか。

( )

(2) ゲームに かった かいすうが いちばん すくない 人は だれですか。

( )

(3) 5ゲームの うち, 1かい かって 4かい まけた 人は ぜんぶで なん人 いますか。

( )

(4) チームぜんたいで かった ゲームの かいすうが おおいのは どちらの チームですか。

( )

(5) もし, じゅんさんと あやかさんの ゲームで, じゅんさんが 5ゲームの うち, なんかい かって いたら, 2つの チームの かった かいすうが おなじに なって いましたか。

( )

2 ○，△，□の 3つの かたちを

ひょうに 9つずつ ならべます。

右の （れい）のように 2つの ひ

ょうから 1つの ひょうを つく

ります。おなじ ところに ある かたちが おなじ ときは その

かたちを，ちがう ときは もう一つの かたちを かく ことに し

ます。あ〜えの ひょうの 中から 2つの ひょうを えらんで こ

の きまりで ひょうを つくります。

（れい）

○	□	△		△	□	○		□	○	△
---	---	---		---	---	---		---	---	---
△	○	△	と	△	○	○	で	△	○	□
□	□	○		□	△	□		□	□	△

10 てん×5〔50 てん〕

(1) できた ひょうの かたちが 9つとも

ぜんぶ □に なるのは あ〜えの どれ

と どれを あわせた ときですか。

（　と　）

(2) 3つの かたちが 3つずつ いちれつ

に ぜんぶ ならんだ ひょうに なるの

は あ〜えの どれと どれを あわせた

ときですか。

（　と　）

(3) △が ななめに 3つ ならんだ ひょ

うに なるのは あ〜えの どれと どれ

を あわせた ときですか。（　と　）

(4) ○と □の 2つの かたちだけに な

るのは あ〜えの どれと どれを あわ

せた ときですか。　　（　と　）

(5) △の かずが いちばん おおく なら

ぶのは あ〜えの どれと どれを あわ

せた ときですか。　（　と　）

あ

○	□	○
△	△	□
△	○	□

い

△	△	□
○	□	○
○	△	□

う

△	□	△
○	○	□
○	△	□

え

□	○	△
○	□	○
○	△	△

>>> トップクラス

1 4人の 男の子と, 4人の 女の子とで ゲームを しました。右の ひょうは ゲームの かいすうです。たとえば, いちばん 左の いちばん 上の 5は たくやさんと のりかさんが 5かい ゲームを した ことを あらわして います。この あと, 8人で 1かい 男の子と 女の子とで ゲームを します。

男＼女	たくや	まさる	さとし	けんじ
のりか	5	2	5	3
はるな	2	4	0	8
さとみ	1	6	3	7
かおり	0	4	7	1

10 てん×5〔50 てん〕

(1) 1かいも ゲームを して いない 2くみの 人どうしで ゲームを する とき, のこりの ゲームの 男の子と 女の子の くみあわせは なんとおり ありますか。　（　　　　　）

(2) いちばん おおく ゲームを した 人 どうしで ゲームを する とき, のこりの ゲームの 男の子と 女の子の くみあわせは なんとおり ありますか。　（　　　　　）

(3) 4かいより おおく ゲームを した 人 どうしで 8人で ゲームを するには, だれと だれの くみあわせに なれば よいですか。

（　　　　と　　　　）（　　　　と　　　　）
（　　　　と　　　　）（　　　　と　　　　）

(4) 3かいより すくなく ゲームを した 人 どうしで 8人で ゲームを するには, だれと だれの くみあわせに なれば よいですか。

（　　　　と　　　　）（　　　　と　　　　）
（　　　　と　　　　）（　　　　と　　　　）

(5) ゲームの かいすうが 2くみずつ おなじだった 人どうしで 8人で ゲームを するには, だれと だれの くみあわせに なれば よいですか。

（　　　　と　　　　）（　　　　と　　　　）
（　　　　と　　　　）（　　　　と　　　　）

＊ ＊ ＊

2 右の (れい)の ひょうは, たて, よこ, ななめの 3つの かずを たすと どこでも すべて おなじ かずに なります。あ〜おの ひょうは どこかの かずが まちがって いたり, 入れかわって いたり して います。正しく なおすと (れい)の ひょうのように たした かずが どこでも すべて おなじ かずに なります。

10 てん×5〔50 てん〕

(1) あの ひょうは 1つの かずが まちがって います。その かずを いくつに なおせば よいですか。

（　　　　を　　　　に　なおす）

(2) いの ひょうは 1つの かずが まちがって います。その かずを いくつに なおせば よいですか。

（　　　　を　　　　に　なおす）

(3) うの ひょうは 2つの かずが まちがって います。その かずを いくつに なおせば よいですか。

（　　　　を　　　　に　なおす）

と（　　　　を　　　　に　なおす）

(4) えの ひょうは 2つの かずが 入れかわって います。どの かずと どの かずを 入れかえれば よいですか。

（　　　と　　　）

(5) おの ひょうは 2つの かずが 入れかわって います。どの かずと どの かずを 入れかえれば よいですか。

（　　　と　　　）

（れい）

11	4	9
6	8	10
7	12	5

あ

2	9	4
7	5	3
6	10	8

い

4	25	10
19	12	7
16	1	22

う

9	8	3
6	4	2
5	1	7

え

10	3	9
5	7	8
6	11	4

お

3	6	5
8	10	4
7	2	9

得点評価グラフ さんすう1年 二訂版

1章　10までの かず	標準クラス	ハイクラスA	ハイクラスB	トップクラス
	0 10 20 30 40 50 60 70 80 90 100	0 10 20 30 40 50 60 70 80 90 100	0 10 20 30 40 50 60 70 80 90 100	0 10 20 30 40 50 60 70 80 90 100
① あつまりと かず				
② 10までの かず				
③ なんばん目				
	0　　10　　20　　30　　40　　50　　60　　70　　80　　90　　100			
復習テストA				
復習テストB				

2章　10までの たしざん・ひきざん	標準クラス	ハイクラスA	ハイクラスB	トップクラス
	0 10 20 30 40 50 60 70 80 90 100	0 10 20 30 40 50 60 70 80 90 100	0 10 20 30 40 50 60 70 80 90 100	0 10 20 30 40 50 60 70 80 90 100
① いくつと いくつ				
② 10までの たしざん				
③ 10までの ひきざん				
	0　　10　　20　　30　　40　　50　　60　　70　　80　　90　　100			
復習テストA				
復習テストB				

3章　20までの たしざん・ひきざん	標準クラス	ハイクラスA	ハイクラスB	トップクラス
	0 10 20 30 40 50 60 70 80 90 100	0 10 20 30 40 50 60 70 80 90 100	0 10 20 30 40 50 60 70 80 90 100	0 10 20 30 40 50 60 70 80 90 100
① 20までの かず				
② 20までの たしざん				
③ 20までの ひきざん				
	0　　10　　20　　30　　40　　50　　60　　70　　80　　90　　100			
復習テストA				
復習テストB				

グラフの見方

基準点
ここまで得点が とれれば，その 単元の内容が理 解できたと言え ます。

0 10 20 30 40 50 60 70 80 90 100

合格点
この得点をクリ アできれば，そ の単元の内容に 自信を持ってよ いでしょう。

答えと解き方
総しあげテスト付き

中学入試をめざす

トップクラス問題集

さんすう 小学**1**年

二訂版

文 理
中学入試研究プロジェクト

中学入試をめざす

トップクラス問題集

さんすう1年 二訂版

❖ お子様の採点をするときには，次のような点に留意してください。

① 〔しき〕と書いてある問題は，式が書いてないと半分減点です。

② 答えに単位や助数詞がついていない場合は，1点減点です。

③ 記号で答える問題は，選択肢が（ア）である場合，「ア」でも「（ア）」でも正解です。

④ いくつか選ぶ場合は，記号の順に書いてなくても正解です。しかし，順番に書く習慣をつけておくとよいでしょう。

⑤ 図やグラフなどは，定規を使ってきちんとかかれていないと，半分減点です。

❖ 「答えと解き方」について

解き方

問題の解き方がていねいに解説してあります。お子様がつまずいたときに説明してあげる際にも，大いに役立ちます。

アドバイス

単元でポイントとなる考え方や着眼点，公式，解法のコツなどが書かれています。
採点してお子様に説明した後に，理解できているか確認するのもよいと思います。

❖ 「総しあげテスト」について

巻末の折り込みテストは，この本での勉強の成果を試す「総しあげテスト」です。テストの結果については，文理ホームページ上で学力診断を行っています。お子様の現在の学力を，ご確認ください。

＊「総しあげテスト」の答えは，この「答えと解き方」の54・55ページに収録してあります。

1 あつまりと　かず

標準クラス　p.4〜5

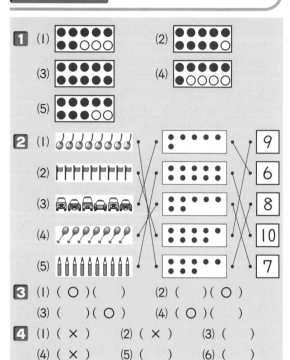

1 (1)（○）（　）　(2)（　）（○）
(3)（　）（○）　(4)（○）（　）

4 (1)（×）　(2)（×）　(3)（　）
(4)（×）　(5)（　）　(6)（　）

解き方

1 具体物の数と同じ数だけ○をぬらせます。この問題は，具体物の数を数字で表す前に，その導入として，○の数に置き換えさせる練習です。

2 具体物の数と●の数を対応させ，さらに数字とも対応させます。この問題も，具体物の数を直接数字に対応させる前の練習です。

3 具体物の数を数えて，その数で大小を判断させます。数の大小関係がしっかり理解できていない場合は，具体物を1つ1つ対応させて線で結ばせるのもひとつの方法で，残ったほうが多いということを理解させてください。

4 子どもの数とそれぞれの具体物の数を数えて，子どもの数にたりるか，たりないか判断させます。数の大小関係が理解できていない場合は，子どもと，フォーク，皿，ケーキなどを線で結ばせて比べさせ，子どもの数より少ないときがたりないときということを理解させてください。

ハイクラスA　p.6〜7

1 (1) 7　(2) 10　(3) 9　(4) 5　(5) 4

2 (1) 6　(2) 6　(3) 4　(4) 5　(5) 3
(6) 4

3 (1) ○が（ 2 ）つ，■が（ 1 ）つ
(2) ○が（ 1 ）つ，■が（ 3 ）つ
(3) ○が（ 3 ）つ，■が（ 2 ）つ
(4) ○が（ 4 ）つ，■が（ 5 ）つ

4 (1) 8　(2) 9　(3) 3　(4) 6　(5) 7
(6) 6　(7) 3

解き方

1 具体物の数を数えて，その数を数字に対応させます。数を数えるときは，絵に○を付けるなどして，抜かしたり，2回数えたりしないように，正確に数えられることが大切です。

アドバイス　10までの数では，数詞は次のように2通りの唱え方がありますので，それぞれ確実に唱えて数えられるようにしてください。
・「いち，に，さん，し，ご，ろく，しち，はち，く（きゅう），じゅう」
・「ひとつ，ふたつ，みっつ，よっつ，いつつ，むっつ，ななつ，やっつ，ここのつ，とお」

2 問題の条件に合う子どもの数を数えさせます。(6)では，条件が2つあるので，まず，ぼうしをかぶっている子どもに注目して，その中でかばんをもっていない子どもを数えるのもひとつの方法です。

3 半具体物の○と■の数を数えて，たりない数を数字に対応させます。具体的には，○と■が7つずつになるように，○と■を図にかき加えて，そのかき加えた○と■の数を数えさせます。

4 問題の条件（□の中または○の中にあるか，外にあるか，白いか，青いか）に合うおはじきの数を数えさせます。(6)，(7)の条件に合う範囲は，次の灰色の部分になります。

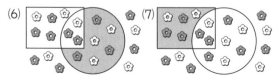

1
(1) 2　　　(2) 1
(3) りんご　(4) いちご
(5) ① レモン　② いちご
(6) ① いちご　② みかん
(7) レモン　(8) みかん
(9) ① いちご　② レモン
(10) ① みかん　② いちご

2
(1) （ ■ ）が （ 1 ）つ, （ ▲ ）が （ 2 ）つ
(2) （ ○ ）が （ 2 ）つ, （ ▲ ）が （ 3 ）つ
(3) （ ○ ）が （ 3 ）つ, （ ■ ）が （ 4 ）つ
(4) （ ■ ）が （ 5 ）つ, （ ▲ ）が （ 6 ）つ

3
(1) 5　　　(2) 6　　　(3) 8　　　(4) 7
(5) 3　　　(6) 3

解き方

1 具体物の数を数えて, それらの数の大小比較をさせます。まずは, それぞれのくだものの数を正確に数えられることが大切です。この問題では,
　みかん…10個　　レモン…9個
　りんご…8個　　いちご…6個　となります。
(5)と(9)では, 数の差が3つのくだもの(レモンといちご)に注目させます。
(6)と(10)では, 数の差が4つのくだもの(みかんといちご)に注目させます。

2 半具体物の○と■と▲の数を数えて, たりない数を数字に対応させます。具体的には, ○が7つ, ■が8つ, ▲が9つになるように, ○, ■, ▲を図にかき加えて, そのかき加えた○, ■, ▲の数を数えさせます。

3 問題の条件に合う▲などの数を数えさせます。

(3)
(4)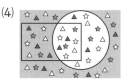

(5)
(6)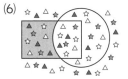

1
(1) 6　　(2) 5　　(3) 5　　(4) 10
(5) 1　　(6) 1　　(7) 5　　(8) 2
(9) ダイヤ　(10) ① ハート　② クラブ

2
(1) 9　　(2) 3　　(3) 9　　(4) 6
(5) 3　　(6) 3　　(7) 8　　(8) 4
(9) 2　　(10) 1

解き方

1 具体物の数を数えて, その数を数字に対応させます。ここでは, 1つの具体物について, 種類(ハート, ダイヤ, スペード, クラブ)と数字(2, 3, 4, 5, 6, 7, 8, 9, 10)の2つの観点があるので, 数えにくくなっています。それぞれの問題の条件を確実にとらえ, 絵に○を付けるなどして, 正確に数えられるようにしてください。
この問題では, カードは次のようになっています。
　ハート…6枚　(3, 6, 10以外の2, 4, 5, 7, 8, 9)
　ダイヤ…7枚　(5, 8以外の2, 3, 4, 6, 7, 9, 10)
　スペード…8枚　(9以外の2, 3, 4, 5, 6, 7, 8, 10)
　クラブ…9枚　(2, 3, 4, 5, 6, 7, 8, 9, 10)

2 問題の条件に合うおはじきの数を数えさせます。○, □, △の中にあるか, 外にあるかという観点で, それぞれの集合を確実にとらえさせることが重要です。また, おはじき全部か, 青いおはじきか, 白いおはじきかに注意することも必要です。

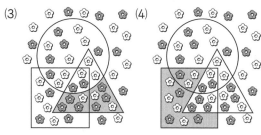

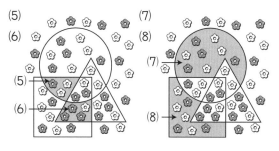

② 10までの　かず

▶標準クラス　　　p.12〜13

1 (1) 4　　(2) 3　　(3) 5　　(4) 6
　　(5) 8　　(6) 7　　(7) 10　　(8) 9

2 (1) (　)(○)　　(2) (○)(　)
　　(3) (○)(　)　　(4) (　)(○)

3 (1) (　)(○)　　(2) (○)(　)
　　(3) (　)(○)　　(4) (　)(○)

4 (1) 2 3 4 5 6 7
　　(2) 5 6 7 8 9 10
　　(3) 5 4 3 2 1 0
　　(4) 10 9 8 7 6 5

5 (1) 6 5 4 3 2 1 0
　　(2) 10 9 8 7 6 4 2 0

6 (1) 3　　(2) 4　　(3) 8　　(4) 10

解き方

1 具体物の数を数えて，その数を数字で表します。具体物を数えるときは，抜けや重複がないように，正確に数えられるようにします。また，この問題とは逆に，数字を見たときに，具体物や半具体物の数などを想像できることも大切です。

2, 3 数の大小を，具体物や数図などを使わないで数字だけで判断します。頭の中で数図をイメージできれば，比べやすくなります。

4 数の並びのきまりを見つけて，□にあてはまる数を入れます。ここでの数の並びのきまりは，(1)，(2)では，1ずつ増えていて，(3)，(4)では，1ずつ減っています。これをとらえさせてください。

5 数を大きい順に並べます。並べ方は，まず，いちばん大きい数を選んで書きます。次に，残った数の中からいちばん大きい数を選んで書きます。この操作を繰り返していきます。

6 1から10までの数の系列を考えさせます。

(1)→　2つ前
　　　1つ前
1 2 3 4 5 6 7 8 9 10
　　　　1つ後
(3)→　5つ後

---

1 (1) 6 ④ ⑦ 5　　(2) 3 ⑥ 5 ② 4
　　(3) 4 ⑨ 6 8 ③ 7
　　(4) 7 4 3 ⑧ 5 6 ②

2 (1)　(2)　(3)
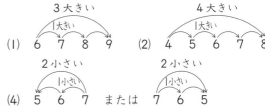

3 (1) 9　(2) 8　(3) 10　(4) 5　(5) 3

4 (1) 1 3 5 7 9
　　(2) 10 8 6 4 2 0
　　(3) 1 4 7 10　(4) 9 6 3 0

5 (1) 3　　(2) 5　　(3) 4　　(4) 7

解き方

1 いちばん大きい数といちばん小さい数を選びます。○(いちばん大きい数)と◇(いちばん小さい数)のつけ方をまちがえないように注意します。

2 中央の数と外側の数の大小比較をします。比べ方は，中央の数と外側の数を1つずつ比べていきます。外側の数が小さい場合に○，大きい場合には×を付けるなどすると，わかりやすくなります。

3 1から10までの数の大小を考えさせます。わかりにくい場合は，実際に書いて調べさせます。

(1) 3大きい　　　(2) 4大きい
　　1大きい　　　　　　1大きい
6 7 8 9　　　　4 5 6 7 8

(4) 2小さい　　　　2小さい
　　1小さい　　　　　1小さい
5 6 7　または　7 6 5

4 数の並びのきまりを考えさせます。ここでは，数の並びが2つとびや3つとびになっています。(1)では2ずつ増え，(2)では2ずつ減っています。(3)では3ずつ増え，(4)では3ずつ減っています。

5 具体物を○で表して，実際に書いて考えさせます。
(1) 6個にするには，3個に3個をつけたします。

○○○○○○　→　[○○○]◁[○○○]

(3) 3個にするには，7個から4個を取ります。

1 (1) 1　　(2) 3　　(3) 6　　(4) 7
2 (1) 8　　(2) 5　　(3) 7　　(4) 4
3 (1) { ( ) / (○) }　(2) { (○) / ( ) }　(3) { (○) / ( ) }
　　(4) { ( ) / (○) }　(5) { ( ) / (○) }
4 (1) たくや　　(2) 5　　　(3) あやの
　　(4) 4　　　(5) 4
5 (1) （ あきな ）さんが （ なつみ ）さんに
　　　　（ 2 ）こ　あげる。
　　(2) （れい）（ あきな ）さんが （ なつみ ）さん
　　　　に （ 1 ）こ　あげて、
　　　　（ あきな ）さんが （ まりえ ）さんに
　　　　（ 2 ）こ　あげる。

解き方

1 2つの数の差を求めます。数を○で表すと、数がどれだけちがうかがよくわかります。
(4) { 10 → ○○○○○○○○○○ / 3 → ○○○ }
　　　　　　　　　　7つ

2 1から10までの数の系列、大小を考えさせます。実際に書いて調べると、よくわかります。
　　　　　　　2つ前
(1) 1 2 3 ④ 5 6 7 ⑧ 9 10
　　　　4つ後

3 1から10までの数の大小を考えさせます。**2** と同様に、実際に書いて調べると、よくわかります。
4 具体物を○で表して、実際に書いて考えさせます。
　　　　　　　はじめ9こ
みさき → ○○○○◌◌◌◌◌
　　　　のこり4こ　食べた 5 こ

食べた数は、みさき…5個　たくや…7個
　　あやの…3個　ひかる…6個　けんた…4個

5 具体物を○で表して、実際に書いて考えさせます。
(1) { なつみ → ○○○○○▨▨ / あきな → ○○○○○○○▨▨ }
(2) { なつみ → ○○○○○▨ / あきな → ○○○○○○○▨▨ / まりえ → ○○○○▨▨ }

1 (1) ①-3-②-4-③-5-④-6
　　(2) ⑩-7-⑧-5-⑥-3-④-1
　　(3) ①-4-②-3-6-④-5-8-⑥
　　(4) ⑩-7-⑥-8-5-④-6-3-②
2 (1) 2　　(2) 4　　(3) 6　　(4) 5
　　(5) 9　　(6) 4　　(7) 6　　(8) 7
3 ①③　②②　③◇
4 (1) 5　　(2) あね…7、いもうと…3
5 あに…6、おとうと…3
6 あや…4、みき…3、ゆり…2

解き方

1 数の並びのきまりを考えさせます。
(1) ①-3-②-4-③-5-④-6
　　2増え 1減り 2増え 1減り 2増え 1減り 2増え
　　○に注目すると、①-□-②-□-③-□-④
　　□に注目すると、3-○-4-○-5-○-6
(3) ①-4-②-3-6-④-5-8-⑥
　　3増え 2減り 1増え 3増え 2減り 1増え 3増え 2減り
　　○、□、◇にそれぞれ注目すると、
　　①…③…⑤　　4…6…8　　②…④…⑥

2 1から10までの数の系列、大小を考えさせます。
　　　　　　　　　　　　　　2つ前
(1) 1 2 3 4 5 ⑥ 7 8 9 10
　　4つ後
　　　　　　　　　　　　　　　　3つ前
(2) 1 2 3 4 5 6 ⑦ 8 9 10
　　4 つ後

3 数の分解を考えさせます。
9 → ○○○○ ①○○○○ ②○○
10 → ○○○ ①○○○○ ③○○○
8 → ○○ ②○○○ ③○○○

4 (2) { 姉 → ○○○ ○○○○ / 妹 → ○○○ }
　　　　　　　　　4まい多い

5 { 兄 → ○○○ ○○○ / 弟 → ○○○ } 9こ 半分

6 { あや → ○○○ / みき → ○○○ / ゆり → ○○ } 9本
　　　　　　　　1本多い　1本多い

3 なんばん目

1 (1) 6　(2) とら　(3) 7　(4) ぞう　(5) 8

2 (1)

(2)

(3)

3 (1) 5　(2) めぐみ　(3) 6　(4) よしき
(5) 4　(6) たけし　(7) あかり　(8) 6
(9) 7　(10) 5　(11) 4
(12)

さやか　よしき　ゆうた　ひろみ　あかり　たけし　めぐみ　つとむ　ふみや

解き方

アドバイス　順序を表すときは，必ず，「前から」，「後ろから」，「左から」，「右から」，「上から」，「下から」のような基準が必要です。その基準を変えると，順序を表す数が変わることに気づかせます。

1 この問題は，数える基準が「前から」，「後ろから」なので，その基準を明確にして，何番目かを正確にとらえさせることが必要です。

2 数は，ものの集まりの大きさ（集合数）を表す場合と，ものが並ぶ順序（順序数）を表す場合に用います。ここでは，(1)の「6台」は量を表し，(2)の「9台目」，(3)の「7台目」は順序を表します。この区別をきちんとつけられるようにすることが大切です。

3 この問題は，数える基準が「前から」，「後ろから」なので，その基準をまず明確にさせます。

(6) 「前から5番目」と「後ろから3番目」の2人は含まれないことに注意させます。

(7) 「ちょうどまん中」は，前から数えても後ろから数えても同じ番目になります。

(8) 「ゆうたさんの後ろ」だから，「ゆうたさん」は含まれないことに注意させます。

(11) まず，「前から8番目」と「後ろから7番目」の子どもを見つけさせます。

1 (1) しんじ　(2) 8　(3) 7　(4) まこと
(5) 3　(6) 3　(7) けんた　(8) 3

2 (1)

(2)

(3)

(4)

3 (1) ねこ　(2) 5　(3) 6　(4) いぬ
(5) ねずみ　(6) 3

解き方

1 この問題は，数える基準が「左から」，「右から」なので，その基準をまず明確にさせます。順序数では，前後，上下の関係より左右の関係のほうがとらえにくい面がありますので，右，左を確実に身につけさせておくようにします。

(6) まず，「左から8番目の子ども」と「右から9番目の子ども」を見つけさせ，その2人の子どもの間にいるかばんを持っていない子どもの数を数えさせます。

(7) かばんを持っている子どもだけに注目して，順序数を考えさせます。

(8) 「かばんを持っていない中でいちばんに左にいる」のはみゆきさんです。また，「かばんを持っている中で右から2人目」はしんじさんです。

2 (1)，(4)は，順序数，(2)，(3)は，集合数を求めさせます。

(4) 「となり」は，「右隣り」と「左隣り」の2つがあることに注意させます。

3 この問題は，数える基準が「上から」，「下から」なので，その基準をまず明確にさせます。

(4) 「うさぎの4つ上」は，うさぎを除いて「ねこ」から数えることに注意させます。

(5) 「下から8番目の3つ下」は，下から8番目の鳥を除いて「いぬ」から数えることに注意させます。

(6) 「上から7番目」と「下から6番目」の2ひきは含まれないことに注意させます。

1 (1) 4　(2) 5　(3) 9　(4) 4　(5) 7
　　(6) 8　(7) 0　(8) 5　(9) 1
2 (1) 9　　(2) 4　　(3) 6　　(4) 3
3 (1) 8　　(2) 5
4 9

解き方

1 子どもはみんなで10人並んでいますが，名前が出てくる4人の子どもについて，その位置を正確にとらえさせることが必要です。

ちひろ　　たかし　　　　まさる　ゆきえ

(3) 「ちひろさんとまさるさんの間には5人」だから，まさるさんは，ちひろさんの6人前か，6人後ろにいることになりますが，前には2人しかいないので，6人後ろにいることになります。

(4) ゆきえさんは，たかしさんの5人前か，5人後ろにいることになりますが，前には4人しかいないので，5人後ろにいることになります。

2 この問題では，順序数について，旗の「左から」，「右から」と，階段の「高い所から」，「低い所から」の2つの基準があり，数えにくくなっています。まず，それぞれの基準を明確にとらえさせることが必要です。

3 子どもを○で表して，図にかいて考えさせます。図に表してみると，よくわかります。

(1)

てつやななこ
（前から　4番目）

(2)
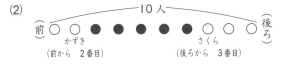
かずき　　　　　　さくら
（前から　2番目）　　（後ろから　3番目）

4 子どもを○で表して，図にかいて考えさせます。
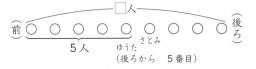
5人　ゆうた　さとみ
（後ろから　5番目）

1 (1) 4　(2) 6　(3) 9　(4) 4　(5) 8
　　(6) 6　(7) 8　(8) 7　(9) 4
2 (1) 6　(2) 7　(3) 4　(4) 2
3 (1) 2　(2) 6　(3) 7

解き方

1 (5)〜(9)は，並べ替えた図をかいて考えさせます。

(1) 10 → ○○○○○○ ○○○○
　　6 → ○○○○○○　　4つ

(2) 9 → ○○○○○○○○○
　　3 → ○○○　　6つ

(3) 大きい順に並べて，4番目の数を調べる。
　　10 9 8 7 …… → 4番目は 7

(4) 小さい順に並べて，5番目の数を調べる。
　　2 3 4 5 6 …… → 5番目は 6

(5) 小さい順に並べて，7番目の数を調べる。
　　2 3 4 5 6 7 8 9 10

(6) 大きい順に並べて，真ん中の数を調べる。
　　10 9 8 7 6 5 4 3 2

(7) 並べ替えると，2 3 4 5 6 8 10 となる。

(8) 並べ替えると，10 9 7 6 4 3 2 となる。

(9) 並べ替えると，2 3 4 6 10 となる。

2 男の子を●，女の子を○などで表して，図にかいて考えさせます。

(1) ● ○ ● ● ● ● ○ ○ ○
　　前から　　　　6人
　　3番目

(2) ● ○ ● ○ ● ○ ○ ○ ●
　　前から　　　7人
　　2番目

(3) ● ● ● ○ ○ ○ ○ ○ ● ●
　　男の子3人と　女の子4人　後ろから
　　　　　　　　　　　　　　3番目

(4) ○ ○ ● ● ○ ○ ○ ● ○ ○
　いちばん　男の子2人と　女の子3人　後ろから
　　前　　　　　　　　　　　　　　4番目

3 子どもを○で表して，図にかいて考えさせます。

(1) ○ ○ ○ ○ ○ ● ○ ○ ○ ○
　　　　　あきら　ひとみ

(2) ○ ● ○ ○ ○ ○ ○ ○ ● ○
　　あきら　　　6人　　　ひとみ

(3) ○ ● ○ ○ ○ ○ ○ ○ ● ○
　　あきら　　　　　　ひとみ

1 (1) 5　　(2) 3　　(3) 6　　(4) 4
　　(5) 7　　(6) 9　　(7) 10　　(8) 8

2 (1) 3 — 4 — 5 — 6 — 7 — 8 — 9
　　(2) 10 — 9 — 8 — 7 — 6 — 5 — 4
　　(3) 1 — 3 — 5 — 7 — 1章
　　(4) 8 — 6 — 4 — 2 — 0

3 (1) 9　　(2) 6　　(3) 9　　(4) 3

4 (1) 2　　(2) 8　　(3) 9　　(4) 5
　　(5) 3

5 (1) 4　　(2) 5

6 (1) 3　　(2) 8

解き方

1 具体物の数を数えて，その数を数字で表します。数を数えるときは，抜かしたり，2回数えたりしないように，正確に数えられることが大切です。そのためには，次のように，絵に○を付けたり，✓を付けたりしてまちがえないようにさせます。

(1)　　(3)

2 数の並びのきまりを見つけて，□にあてはまる数を入れます。まずは，数の並びのきまりを考えさせてください。ここでの数の並びのきまりは，(1)では1ずつ増え，(2)では1ずつ減っています。(3)では2ずつ増え，(4)では2ずつ減っています。なお，数並べの問題では，1，2，3，…という数の系列がしっかり理解できていることが大切ですので，1から10まで順にまたは逆にきちんと言えたり書いたりできるようにさせてください。

3 1から10までの数の系列を考えさせます。わかりにくい場合は，実際に書いて調べさせます。

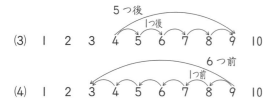

4 (1)，(5)は，集合数を求めさせる問題で，それぞれの問題の条件に合う動物の数を数えさせます。(2)，(3)，(4)は，順序数を求めさせる問題で，数える基準を明確にして，それぞれが何番目かをとらえさせます。

(1)　白い色でない動物に注目して，その中でねこの数を数えさせます。

(2)　まず，白い色のうさぎを見つけ，そのうさぎが「右から」何番目かをとらえさせます。

(3)　まず，いちばん右にいるうさぎを見つけさせ，そのうさぎが「左から」何番目かをとらえさせます。

(4)　「となり」は「右隣り」と「左隣り」の2つがあることに注意させ，左から7番目の動物の隣りのうさぎを見つけさせ，その動物が「右から」何番目かをとらえさせます。

(5)　まず，右から7番目の動物と左から10番目の動物を見つけさせ，その2ひきの動物の間にいるねこの数を数えさせます。

5 おはじきを○などで表して，実際に書いてみると，わかりやすくなります。

(1)　10個にするには，6個に4個をつけたします。
○○○○○○○○○○

(2)　1個にするには，6個から5個を取ります。

6 いちごを○などで表して，実際に書いてみると，わかりやすくなります。

(1)　7個にするには，10個から3個を取ります。
○○○○○○○

(2)　2個にするには，10個から8個を取ります。

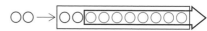

1 (1) 1　　　(2) 4　　　(3) 3　　　(4) 7
2 (1) 9　　　(2) 3　　　(3) 5　　　(4) 7
3 (1) 3　(2) 7　(3) 10　(4) 4　(5) 2
4 (1) 3　(2) 4　(3) 7　(4) 6　(5) 4　(6) 3
5 (1) 3　(2) 7　(3) 8　(4) 6　(5) 5

解き方

1 2つの数の差を求めます。数を○で表すと，数がどれだけちがうかがよくわかります。

(1) { 6 → ○○○○○ ○ } 1つ
　　{ 5 → ○○○○○ }

(2) { 4 → ○○○○　4つ
　　{ 8 → ○○○○○○○○ }

(3) { 7 → ○○○○○○○　3つ
　　{ 10 → ○○○○○○○○○○ }

(4) { 9 → ○○○○○○○○○　7つ
　　{ 2 → ○○ }

2 1から10までの数の大小を考えさせます。

(1) 1 2 3 4 5 6 7 8 ⑨ 10　（2大きい，1大きい）

(2) 1 2 ③ 4 5 6 7 8 9 10　（5小さい，1小さい）

(3) 1 2 3 4 ⑤ 6 ⑦ 8 9 10　（3大きい，2小さい）

(4) 1 2 ③ 4 5 6 ⑦ 8 9 10　（6小さい，4大きい）

3 **2**と同様に，1から10までの数の大小を考えさせます。実際に書いて調べると，よくわかります。

(1) 1 2 3 4 5 6 7 8 ⑨ 10　（3大きい）

(2) 1 2 ③ 4 5 6 ⑦ 8 9 10　（4小さい）

(3) 1 2 3 4 5 6 7 ⑧ 9 ⑩　（5大きい，2小さい）

(4) 1 2 3 4 5 ⑥ 7 8 9 10　（3大きい，4小さい）

(5) 1 2 3 4 5 6 ⑦ 8 9 10　（5大きい，2小さい，4大きい）

4 問題の条件に合う ■ などの数を数えさせます。

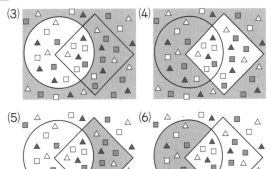

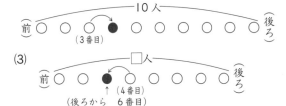

5 文章題を解く場合，図にかいて考える習慣をつけさせておくことが大切です。そうすれば，むずかしい問題もよくわかるようになります。

(1) 色紙を○で表して，図にかいて考えさせます。

○○○（1人目）
○○○○○○○○○ → ○○○（2人目）
○○○（3人目）

(2) 子どもを○で表して，図にかいて考えさせます。

（前）○○●○○○○○○○（後ろ）　10人　（3番目）

(3)

（前）○○●○○○○○（後ろ）　□人　↑（4番目）（後ろから 6番目）

(4) 女の子を○，男の子を●で表して図にします。

（前）○●●○●●●○●●○（後ろ）　↑（前から 5番目）

(5) 子どもを○で表して図にします。

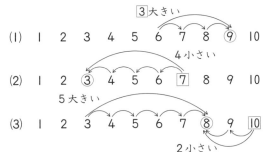

（前）○○○⊙○○○●○○（後ろ）　たくや

1 いくつと　いくつ

標準クラス　p.32〜33

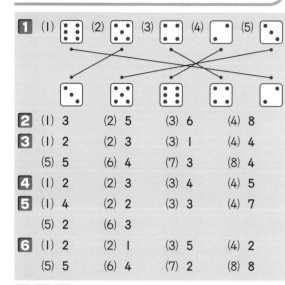

2 (1) 3　　(2) 5　　(3) 6　　(4) 8

3 (1) 2　　(2) 3　　(3) 1　　(4) 4
　　(5) 5　　(6) 4　　(7) 3　　(8) 4

4 (1) 2　　(2) 3　　(3) 4　　(4) 5

5 (1) 4　　(2) 2　　(3) 3　　(4) 7
　　(5) 2　　(6) 3

6 (1) 2　　(2) 1　　(3) 5　　(4) 2
　　(5) 5　　(6) 4　　(7) 2　　(8) 8

解き方

1 2つの数の組み合わせで8をつくること（8の合成）を考えさせます。

(1) 6があといくつで8になるかを考えさせます。

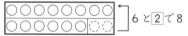

6と2で8

2 2つの数を合わせて10をつくります。

> **アドバイス**　10の合成・分解は，繰り上がりのあるたし算や繰り下がりのあるひき算の際に用いる重要な内容です。ここでしっかり身につけておくと，このあとの計算が抵抗なくできるようになります。

3 数の合成を考えさせます。数字で出された問題に抵抗を示す場合は，具体物や数図カードをもとにして考えさせます。

4 1つの数を2つの数の組み合わせに分けること（数の分解）を考えさせます。

(1) 6は4といくつに分けられるかを考えさせます。

6は4と2

5 **4**と同様に，数の分解を考えさせます。

6 数の分解を考えさせます。考えにくい場合は，具体物や数図カードをもとにして考えさせます。

ハイクラスA　p.34〜35

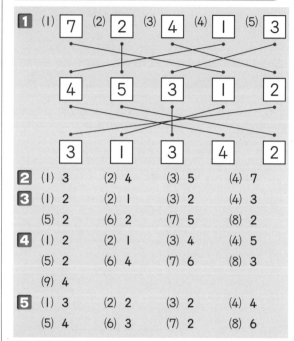

2 (1) 3　　(2) 4　　(3) 5　　(4) 7

3 (1) 2　　(2) 1　　(3) 2　　(4) 3
　　(5) 2　　(6) 2　　(7) 5　　(8) 2

4 (1) 2　　(2) 1　　(3) 4　　(4) 5
　　(5) 2　　(6) 4　　(7) 6　　(8) 3
　　(9) 4

5 (1) 3　　(2) 2　　(3) 2　　(4) 4
　　(5) 4　　(6) 3　　(7) 2　　(8) 6

解き方

1 3つの数の組み合わせで9をつくること（9の合成）を考えさせます。

(1) 7があといくつといくつで9になるかを考えさせます。この場合は，7と1と1の1通りです。

7と1と1で9

(3) 4があといくつといくつで9になるかを考えさせます。ここでは，(1)，(2)で使った数の残りの組み合わせから，4と2と3になります。

2 3つの数を合わせて10をつくることを考えさせます。

3 3つの数の合成を考えさせます。わかりにくい場合は，数図カードなどを利用して考えさせます。

4 3つの数への分解を考えさせます。

(1) 6は2と2といくつに分けられるかを考えさせます。

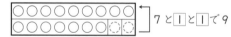

6は2と2と2

5 **4**と同様に，3つの数への分解を考えさせます。

(1)　7は1と3と3

1 (1) 2　　(2) 3　　(3) 1　　(4) 3
　　(5) 4　　(6) 5

2 (1) 5　　(2) 3　　(3) 4　　(4) 2
　　(5) 3　　(6) 4

3 (1) 3　　(2) 2　　(3) 2　　(4) 3

4 (1) ③と　◇と　◇と　◇
　　(2) ①と　①と　①と　◇と　◇
　　(3) ②と　②と　②と　◇と　◇
　　(4) ③と　③と　◇と　◇と　◇
　　(5) ①と　①と　①と　◇と　◇と　◇
　　　　(②と　②と　②と　◇と　◇と　◇)

5 (1) 2　　(2) 4　　(3) 1　　(4) 3
　　(5) 3　　(6) 2　　(7) 3

解き方

1 3つの数の合成を考えさせます。
　(1) 2といくつと1で5になるかを考えさせます。
　　○○○○○
　　○○○○○　←2と②と1で5

2 3つの数や4つの数を合わせて10をつくることを考えさせます。
　(1) ○○○○○○○○○○
　　　○○○○○○○○○○　←2と3と5で10
　(2) ○○○○○○○○○○
　　　○○○○○○○○○○　←1と2と4と3で10

3 4つの数や5つの数の合成を考えさせます。
　(1) ○○○○○○○○○
　　　○○○○○○○○○　←2と3と1と3で9
　(3) ○○○○○○○○○
　　　○○○○○○○○○　←1と3と1と2と2で9

4 4つ以上の数への分解を考えさせます。
　(1) 4つの数の組み合わせのうち、同じ数が3つとあと1つの数で6になるものをさがさせます。
　(2) 5つの数の組み合わせのうち、同じ数が3つと同じ数が2つで7になるものをさがさせます。

5 4つ以上の数への分解を考えさせます。
　(1) ○○○○○○○○
　　　○○○○○○○○　←8は3と1と2と2

1 (1)　(2)

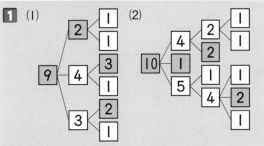

2 ① 1こと　2こと　7こ
　　② 1こと　3こと　6こ
　　③ 1こと　4こと　5こ
　　④ 2こと　3こと　5こ

3 ゆきな(3)こ，えりか(2)こ，ひかり(5)こ

4 (1) 5　　(2) 3　　(3) 4　　(4) 2

5 ① たけし(2)こ，かずや(7)こ，あきら(1)こ
　　② たけし(3)こ，かずや(5)こ，あきら(2)こ
　　③ たけし(4)こ，かずや(3)こ，あきら(3)こ
　　④ たけし(5)こ，かずや(1)こ，あきら(4)こ

解き方

1 2つの数や3つの数への分解を考えさせます。
　(1) 2 → 2の分解は、「1と1」の1通り。
　　9─ア→「アは3と□」だから、3より大きい数。
　　　イ→「イは2と□」だから、2より大きい数。
　　したがって、アは4、イは3に決まります。

2 10を3つの数に分解することを考えさせます。さらに、3つの数の組み合わせのうち、3つの数がすべて違うものをさがさせます。
　なお、3つの数の組み合わせは、全部で
　(1，1，8)，(1，2，7)，(1，3，6)，
　(1，4，5)，(2，2，6)，(2，3，5)，
　(2，4，4)，(3，3，4)　の8通りです。

3 条件に合うように、10を3つの数に分解します。

えりかさん ○○○○ 1こ
ゆきなさん ○○○○○ 2こ
ひかりさん ○○○○○○ 2こ

4 それぞれの条件に合うように、10をいくつかの数に分解します。

5 9個のおかしをたけしさんとあきらさんが同じ数になるように3人に配り、残りの1個をたけしさんに配ると考えると、わかりやすくなります。

2 10までの　たしざん

標準クラス　　　p.40〜41

1 (1) 7　　(2) 6　　(3) 8　　(4) 9
　　(5) 10　　(6) 9

2 (1)　　(2)　　(3)　　(4)

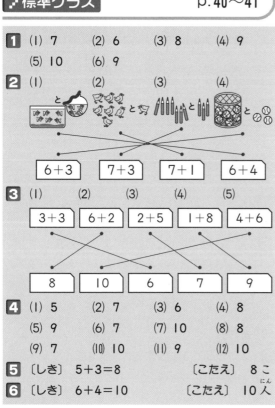

| 6+3 | 7+3 | 7+1 | 6+4 |

3 (1)　　(2)　　(3)　　(4)　　(5)

| 3+3 | 6+2 | 2+5 | 1+8 | 4+6 |

| 8 | 10 | 6 | 7 | 9 |

4 (1) 5　　(2) 7　　(3) 6　　(4) 8
　　(5) 9　　(6) 7　　(7) 10　　(8) 8
　　(9) 7　　(10) 10　　(11) 9　　(12) 10

5 〔しき〕 5+3=8　　　〔こたえ〕　8こ

6 〔しき〕 6+4=10　　　〔こたえ〕　10人

解き方

1 「あわせて」(「ぜんぶで」「みんなで」など)
の操作は，合併(2つの数量を合わせる)を表すこ
とをおさえさせます。

2 「いくつといくつ」は，合併を表し，「+」の記
号を使ってたし算に表せることを理解させます。

(1) ○○○○○○ と ○○○○
　　　6　　　+　　　4
　　　　　　　たす

4 たし算が正確に計算できるように練習させます。

(1) ○○ と ○○○ ⇒ ○○○○○
　　2　 +　 3　 =　　 5
　　　たす　　は

5 合併の場合は，たし算をすることを理解させます。
　○○○○○ + ○○○ = ○○○○○○○○
　　　5　　 +　 3　 =　　　 8

6 増加の場合も，たし算をすることを理解させます。
　○○○○○○ + ○○○○ = ○○○○○○○○○○
　　　6　　 +　 4　 =　　　　10

---

1 (1)　　　　　　(2)

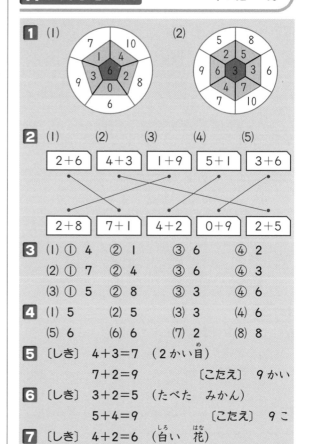

2 (1)　　(2)　　(3)　　(4)　　(5)

| 2+6 | 4+3 | 1+9 | 5+1 | 3+6 |

| 2+8 | 7+1 | 4+2 | 0+9 | 2+5 |

3 (1) ① 4　② 1　③ 6　④ 2
　(2) ① 7　② 4　③ 6　④ 3
　(3) ① 5　② 8　③ 5　④ 6

4 (1) 5　　(2) 5　　(3) 5　　(4) 6
　　(5) 6　　(6) 6　　(7) 2　　(8) 8

5 〔しき〕 4+3=7　(2かい目)
　　　　　　7+2=9　　　　〔こたえ〕　9かい

6 〔しき〕 3+2=5　(たべた　みかん)
　　　　　　5+4=9　　　　〔こたえ〕　9こ

7 〔しき〕 4+2=6　(白い　花)
　　　　　　4+6=10　　　〔こたえ〕　10本

解き方

3 たし算のカードで，□(「たす数」か「たされる
数」)を求めさせます。(1)の①では，「5にいくつを
たすと9になるか」，③では，「いくつに3をたす
と9になるか」を考えさせます。

5 文章題では，数の関係を図に表すことが大切です。

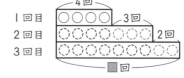

6
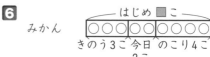

7
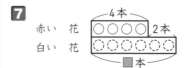

1 (1) 9　　(2) 8　　(3) 10

2 (1)　　(2)　　(3)　　(4)

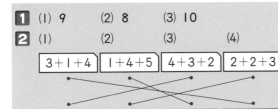

| 3＋1＋4 | 1＋4＋5 | 4＋3＋2 | 2＋2＋3 |

| 9 | 7 | 10 | 8 |

3 (1) 7　　(2) 9　　(3) 8　　(4) 10

　　(5) 9　　(6) 10　　(7) 8　　(8) 10

4 〔しき〕 5＋3＋1＝9　　〔こたえ〕 9本

5 〔しき〕 3＋2＝5 （おとうさん）

　　　3＋2＋5＝10　　〔こたえ〕 10ぴき

6 〔しき〕 3＋2＝5 （女の子）

　　　3＋5＋1＝9　　〔こたえ〕 9つ

7 〔しき〕 2＋1＝3 （まりえさん）

　　　3＋2＝5 （なおこさん）

　　　2＋3＋5＝10　　〔こたえ〕 10まい

解き方

3 3つの数や4つの数のたし算では，前から順に
計算させてください。

(1) 1＋2＋4＝□　　(2) 3＋1＋5＝□
　　　3　＋4＝7　　　　　　4　＋5＝9

(7) 2＋1＋3＋2＝□　　(8) 1＋3＋2＋4＝□
　　　3　＋3　　　　　　　4　＋2
　　　　6　＋2＝8　　　　　　　6　＋4＝10

4 数の関係がわかりにくいときは，図を使って考
えさせると式がつくりやすくなります。

あわせて ■本

えんぴつ ○○○○○ ○○○ ○

はじめ5本　お兄さん　お姉さん
　　　　　3本　　1本

5 あわせて ■ひき

金魚 ○○○ ○○ ○○○○○

ゆうたさん　弟　　　　　　2ひき
3びき　2ひき
ゆうたさん
3びき

お父さん(3＋2)ひき

7 ちひろさん ○○ 1まい　2まい
まりえさん ○○○ 2まい
なおこさん ○○○○○

■まい

1 (1)　　(2)　　(3)　　(4)

| 2＋1＋5 | 2＋3＋2 | 3＋6＋1 | 2＋5＋2 |

| 3＋1＋3 | 2＋3＋4 | 3＋2＋3 | 5＋3＋2 |

2 (1) 2　　(2) 1　　(3) 3　　(4) 4

　　(5) 4　　(6) 3　　(7) 2　　(8) 4

3 〔しき〕 1＋2＋3＋1＝7

　　　3＋2＋1＋3＝9

〔こたえ〕 まさし（ 7てん ），みなよ（ 9てん ）

4 〔しき〕 1＋2＝3 （3くみ）

　　　3＋2＝5 （4くみ）

　　　1＋1＋3＋5＝10　　〔こたえ〕 10人

5 〔しき〕 2＋2＝4 （ゆうかさん）

　　　2＋1＝3 （あやのさんの　のこり）

　　　2＋1＋3＝6 （あやのさん）

　　　4＋6＝10　　〔こたえ〕 10まい

6 〔しき〕 2＋1＋0＋3＋1＋0＋1＋2＝10

　　　0＋1＋2＋0＋1＋3＋1＋0＝8

〔こたえ〕 まさみ（10てん），ゆうや（ 8てん ）

解き方

2 2つの数をたしてから，残りの数を考えさせます。

(1) 2＋1＋□＝5 → 3＋□＝5

(2) 3＋□＋2＝6 → 3＋2＋□＝6 → 5＋□＝6

3 得点表をつくってから，式をたてさせます。

	1回目	2回目	3回目	4回目
まさしさん	1	2	3	1
みなよさん	3	2	1	3

5 はじめ ■まい

ゆうかさん ○○ ○○

妹　　のこり
2まい　2まい

はじめ ■まい

あやのさん ○○○ ○○○

妹　弟　のこり
2まい 1まい (2＋1)まい

6 得点表をつくってから，式をたてさせます。

	1回目	2回目	3回目	4回目	5回目	6回目	7回目	8回目
まさみさん	2	1	0	3	1	0	1	2
ゆうやさん	0	1	2	0	1	3	1	0

③ 10までの　ひきざん

▶ 標準クラス　　　　p.48～49

1 (1) 2　　(2) 4　　(3) 3　　(4) 5
(5) 6　　(6) 8

2
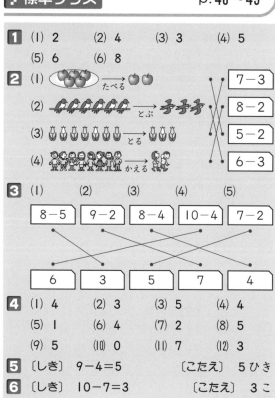

(1) たべる → 7－3
(2) とぶ → 8－2
(3) とる → 5－2
(4) かえる → 6－3

3 (1)　　(2)　　(3)　　(4)　　(5)

| 8－5 | 9－2 | 8－4 | 10－4 | 7－2 |

| 6 | 3 | 5 | 7 | 4 |

4 (1) 4　　(2) 3　　(3) 5　　(4) 4
(5) 1　　(6) 4　　(7) 2　　(8) 5
(9) 5　　(10) 0　　(11) 7　　(12) 3

5 〔しき〕　9－4＝5　　〔こたえ〕　5 ひき

6 〔しき〕　10－7＝3　　〔こたえ〕　3 こ

【解き方】

1 「ちがい」の操作は，求差（2つの数量のちがいを求める）を表すことをおさえさせます。

2 「いくつからいくつをとる」は，求残（残りがいくつかを求める）を表し，「－」の記号を使ってひき算に表せることを理解させます。

(1) ○○○○○ から ○○ をとる
　　　5　　　　　－　　2
　　　　　　　　ひく

4 ひき算が正確に計算できるように練習させます。

(1) ○○○○○ から ○ をとる ⇒ ○○○○
　　　5　　　　－　1　＝　　　4
　　　　　　　ひく　　は

5 求残の場合は，ひき算をすることを理解させます。

○○○○○○○○○ － ○○○○ ＝ ○○○○○
　　　9　　　　　－　　4　＝　　5

6 求差の場合も，ひき算をすることを理解させます。

○○○○○○○○○○ － ○○○○○○○ ＝ ○○○
　　　10　　　　　－　　7　＝　3

⚡ **ハイクラスA**　　p.50～51

1 (1)　　(2)
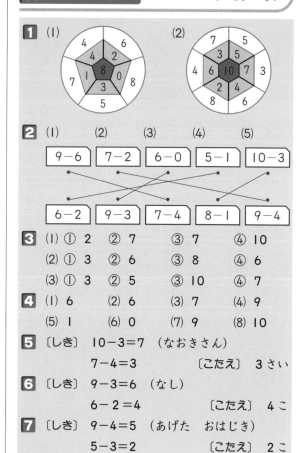

2 (1)　　(2)　　(3)　　(4)　　(5)

| 9－6 | 7－2 | 6－0 | 5－1 | 10－3 |

| 6－2 | 9－3 | 7－4 | 8－1 | 9－4 |

3 (1) ① 2　② 7　③ 7　④ 10
(2) ① 3　② 6　③ 8　④ 6
(3) ① 3　② 5　③ 10　④ 7

4 (1) 6　　(2) 6　　(3) 7　　(4) 9
(5) 1　　(6) 0　　(7) 9　　(8) 10

5 〔しき〕　10－3＝7　（なおきさん）
　　　　　　7－4＝3　　　〔こたえ〕　3 さい

6 〔しき〕　9－3＝6　（なし）
　　　　　　6－2＝4　　　〔こたえ〕　4 こ

7 〔しき〕　9－4＝5　（あげた　おはじき）
　　　　　　5－3＝2　　　〔こたえ〕　2 こ

【解き方】

3 ひき算のカードで，□（「ひく数」か「ひかれる数」）を求めさせます。(1)の①では，「4からいくつをひくと2になるか」，③では，「いくつから5をひくと2になるか」を考えさせます。

5 文章題では，数の関係を図に表すことが大切です。

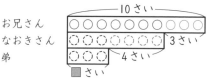

お兄さん　　　　｜10さい｜
なおきさん　　　　　　｜3さい｜
弟　　　　　　｜4さい｜
　　□さい

6
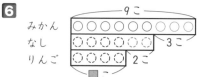

みかん　　　　｜9こ｜
なし　　　　　　　｜3こ｜
りんご　　　　　　｜2こ｜
　　□こ

7
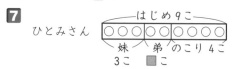

ひとみさん　　｜はじめ9こ｜
　　　妹　弟　のこり4こ
　　　3こ　□こ

1 (1) 3　　(2) 2　　(3) 4

2 (1)　　　(2)　　　(3)　　　(4)

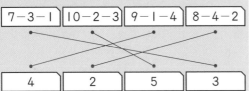

3 (1) 3　　(2) 1　　(3) 2　　(4) 4
　　(5) 2　　(6) 5　　(7) 1　　(8) 2

4 〔しき〕 5−2＝3（青（あお）の　いろがみ）
　　　　10−5−3＝2　　〔こたえ〕 2まい

5 〔しき〕 8−3−2＝3（ドーナツ）
　　　　9−4−3＝2（クッキー）
　　　　3−2＝1
　　〔こたえ〕（ドーナツ）が（ 1 ）こ　おおい。

6 〔しき〕 10−2＝8（くばった　えんぴつ）
　　　　8−5＝3（女（おんな）の子（こ））
　　　　5−3＝2
　　〔こたえ〕（男（おとこ）の子）が（ 2 ）人　おおい。

7 〔しき〕 9−3＝6（おとうと）
　　　　6−2＝4（いもうと）
　　　　4＋6＝10　　〔こたえ〕 10まい

[解][き][方]

3 3つの数や4つの数のひき算では，前から順に
　計算させてください。
　(1)　6−1−2＝□
　　　└5─┘ −2＝3
　(2)　7−2−4＝□
　　　└5─┘ −4＝1
　(7)　8−2−3−2＝□
　　　└6─┘
　　　└─3─┘
　　　　　3 −2＝1
　(8)　10−3−4−1＝□
　　　└─7─┘
　　　└──4──┘
　　　　　　3 −1＝2

4 数の関係がわかりにくいときは，図を使って考
　えさせると式がつくりやすくなります。

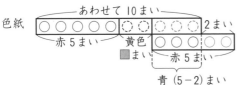

6
えんぴつ
ぜんぶで10本
男の子5本　女の子■本　のこり2本

1 (1)　　　(2)　　　(3)　　　(4)

| 9−5−2 | 7−3−1 | 10−2−4 | 8−1−2 |

| 8−2−3 | 10−1−4 | 7−3−2 | 9−4−1 |

2 (1) 1　　(2) 4　　(3) 9　　(4) 3
　　(5) 1　　(6) 10　　(7) 4　　(8) 3

3 (1)
2	4	3
4	3	2
3	2	4

(2)
1	6	2
4	3	2
4	0	5

4 〔しき〕 8−2−1＝5（りんご）
　　　　9−3−2＝4（かき）
　　　　10−4−3＝3（みかん）
　　　　5−3＝2　　〔こたえ〕 2こ

5 〔しき〕 8−6＝2（ふえた　おきゃくさん）
　　　　3＋4＋0＝7（おりた　おきゃくさん）
　　　　7＋2＝9（のった　おきゃくさん）
　　　　9−2−3＝4　　〔こたえ〕 4人（にん）

6 〔しき〕 3＋2＋0＋1＋3＝9（ひろきさん）
　　　　0＋2＋3＋1＋0＝6（えりかさん）
　　　　10−9＝1　　10−6＝4
　〔こたえ〕 ひろき（ 1 てん），えりか（ 4 てん）

[解][き][方]

2 式を簡単にしてから，残りの数を考えさせます。
　(1)　6−2−□＝3 → 4−□＝3
　(2)　7−□−1＝2 → 7−1−□＝2 → 6−□＝2
　(3)　□−3−4＝2 → □−3−4＝2 → □−3＝6

5 （乗った人数）−（降りた人数）＝（増えた人数）
　〔別解〕最後から逆に考えて，降りた人はたし算，
　乗った人はひき算になることを理解させます。
　8＋0−3＝5（3つ目のバス停に行く前の人数）
　5＋4−2＝7（2つ目のバス停に行く前の人数）
　7＋3＝10（上の人数＋1つ目で降りた人数）
　10−6＝4（上の人数−1つ目に行く前の人数）

6

	1回目	2回目	3回目	4回目	5回目
ひろきさん	3	2	0	1	3
えりかさん	0	2	3	1	0

1 (1) 5　　(2) 6　　(3) 7　　(4) 4

　　(5) 2　　(6) 4

2 (1) 6　　(2) 8　　(3) 7　　(4) 9

　　(5) 10　(6) 8　　(7) 7　　(8) 9

　　(9) 10

3 (1) 3　　(2) 3　　(3) 2　　(4) 4

　　(5) 6　　(6) 6　　(7) 0　　(8) 7

　　(9) 3

4 (1) 6　　(2) 2　　(3) 5　　(4) 4

　　(5) 3　　(6) 0　　(7) 8　　(8) 9

5 〔しき〕 9−7＝2

　　　　〔こたえ〕（りす）が（2）ひき　おおい。

6 〔しき〕 3＋2＝5（青い　おはじき）

　　　　　　3＋5＝8　　　　　〔こたえ〕　8こ

7 〔しき〕 9−2＝7（あやさん）

　　　　　　7−3＝4　　　　　〔こたえ〕　4まい

解き方

1 2つの数や3つの数への分解を考えさせます。

(1)　8は3といくつに分けられるかを考えさせます。

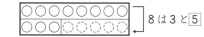
8は3と⑤

(2)
10は⑥と4

(3)
9は⑦と2

(4)　9は3と2といくつに分けられるかを考えさせます。

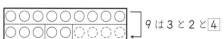
9は3と2と④

(5)
8は4と②と2

(6)
10は④と3と3

2 たし算の計算では，数を具体物などに置き換えなくても，たし算の式を見ただけですぐ答えが出せるように，繰り返し練習することが大切です。

(1) ○ ＋ ○○○○○ ＝ ○○○○○○

　　 1 ＋ 　5　　 ＝ 　　6

(2) ○○○○○○ ＋ ○○ ＝ ○○○○○○○○

　　　6　　　 ＋ 2 ＝ 　　　8

(3) ○○○ ＋ ○○○○ ＝ ○○○○○○○

　　 3 ＋ 　4　 ＝ 　　7

3 たし算の計算と同様に，ひき算の計算も何回も繰り返し練習させることによって，反射的に答えが出せるようにするとよいでしょう。

(1) ○○○○ − ○ ＝ ○○○

　　 4 − 1 ＝ 　3

(2) ○○○○○ − ○○ ＝ ○○○

　　　5　 − 2 ＝ 　3

(3) ○○○○○○ − ○○○○ ＝ ○○

　　　6　　 − 　4　 ＝ 2

4 たし算とひき算のしくみは，次のようになります。

たし算の答え		ひかれる数	
たされる数	たす数	ひく数	ひき算の答え

(1) 「2にいくつをたすと8になるか」

(3) 「いくつに4をたすと9になるか」

(5) 「7からいくつをひくと4になるか」

(7) 「いくつから2をひくと6になるか」

を，それぞれ○で表すなどして考えさせます。

5 「どちらがどれだけ多いか」という問いには，「どちら」と「いくつ」の2つのことを答えなければなりません。問題文をよく読んで，何を答えなければならないかをしっかり把握させることが大切です。

6 文章題では，数の関係を図に表すことが大切です。

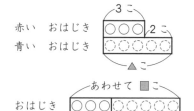

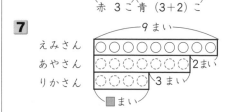

1 (1) 5　　(2) 4　　(3) 3

2 (1) 8　　(2) 9　　(3) 10　　(4) 9

　　(5) 9　　(6) 10

3 (1) 3　　(2) 2　　(3) 5　　(4) 4

　　(5) 2　　(6) 3

4 (1) 6　　(2) 4　　(3) 7　　(4) 8

　　(5) 5　　(6) 7

5 ① 1 こと 2 こと 6 こ

　　② 1 こと 3 こと 5 こ

　　③ 2 こと 3 こと 4 こ

6 〔しき〕 5+2+2=9（はじめの かずと もらった かず）

　　　　　　9−4−3=2　　〔こたえ〕 2本

7 〔しき〕 7+3−4=6 （いま いる はち）

　　　　　　6−2=4 （いま いる ちょう）

　　　　　　6+3−4=5　　〔こたえ〕 5ひき

8 〔しき〕 9+1−4=6（3つ目に いく まえ）

　　　　　　6+3−1=8（2つ目に いく まえ）

　　　　　　8+2−3=7　　〔こたえ〕 7人

解き方

1 3つの数や4つの数の合成を考えさせます。

(1) 1といくつと2で8になるかを考えさせます。

1と 5 と2で8

(2) 3と 4 と2で9

(3) 4と2と 3 と1で10

2 計算は、前から順に計算させてください。

(1) $\underbrace{1+3}_{4}+4=\square$　$4+4=8$

(5) $\underbrace{1+2}_{3}+4+2=\square$　$\underbrace{3+4}_{7}$　$7+2=9$

3 計算は、前から順に計算させてください。

(1) $\underbrace{8-2}_{6}-3=\square$　$6-3=3$

(5) $\underbrace{9-1}_{8}-2-4=\square$　$\underbrace{8-2}_{6}$　$6-4=2$

4 たし算とひき算の混じった計算も、前から順に計算させてください。

(1) $\underbrace{4+5}_{9}-3=\square$　$9-3=6$

(2) $\underbrace{7+3}_{10}-6=\square$　$10-6=4$

(3) $\underbrace{9-4}_{5}+2=\square$　$5+2=7$

(4) $\underbrace{10-7}_{3}+5=\square$　$3+5=8$

(5) $\underbrace{5+3}_{8}-4+1=\square$　$\underbrace{8-4}_{4}$　$4+1=5$

(6) $\underbrace{8-5}_{3}+6-2=\square$　$\underbrace{3+6}_{9}$　$9-2=7$

5 9を3つの数に分解することを考えさせます。

さらに、3つの数の組み合わせのうち、3つの数がすべて違うものをさがさせます。

なお、3つの数の組み合わせは、全部で

(1, 1, 7), (1, 2, 6), (1, 3, 5),

(1, 4, 4), (2, 2, 5), (2, 3, 4),

(3, 3, 3) の7通りです。

6

7

8 最後から逆に考えていき、降りた人はたし算、乗った人はひき算になることを理解させます。

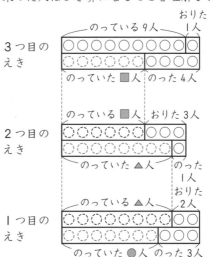

1 20までの　かず

▷ 標準クラス　　　　p.60〜61

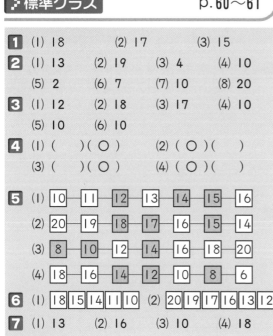

1 (1) 18　　(2) 17　　(3) 15

2 (1) 13　(2) 19　(3) 4　(4) 10
(5) 2　(6) 7　(7) 10　(8) 20

3 (1) 12　(2) 18　(3) 17　(4) 10
(5) 10　(6) 10

4 (1) (　)(○)　　(2) (○)(　)
(3) (　)(○)　　(4) (○)(　)

5 (1) 10―11―12―13―14―15―16
(2) 20―19―18―17―16―15―14
(3) 8―10―12―14―16―18―20
(4) 18―16―14―12―10―8―6

6 (1) 18 15 14 11 10　(2) 20 19 17 16 13 12

7 (1) 13　(2) 16　(3) 10　(4) 18

解き方

1 具体物の数を数えて，その数を数字で表します。10以上の数は，けた数をふやして表すことを理解させ，(2)，(3)では，「10といくつ」と考えながら，数えさせてください。

2 20までの数の構成を理解させます。20までの数について，「10といくつで十いくつ」，「十いくつは10といくつ」ととらえさせてください。

3 たし算とひき算の問題ですが，計算そのものより，数の構成の理解を深めさせてください。
(1)　10+2=☒12☒　　(4)　15−5=☒10☒
（10と2で12）　　　（15は10と5）

4 20までの数について，大小を判断させます。十の位が同じ数のときは，一の位の数を比べさせてください。

5 数の並びのきまりを見つけて，□にあてはまる数を入れます。(3)，(4)では，2つとびの数が入ることをおさえさせてください。

7 10から20までの数の系列を考えさせます。
(1)→ 3大きい / 1大きい
10 11 12 13 14 15 16 17 18 19 20
(3)→ 1小さい / 4小さい

⟫⟫ ハイクラスA　　　　p.62〜63

1 (1) ⑪ ⑮ ⑩ ⑯ ⑱
(　) (　) (△) (　) (○)
(2) ⑰ ⑫ ⑲ ⑭ ⑳ ⑬
(　) (△) (　) (　) (○) (　)

2 (1) 16　(2) 19　(3) 14　(4) 13

3 (1) ⑮ (2) ⑬ (3) ⑰ (4) ⑭ (5) ⑯

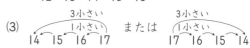

③　　⑥　　⑤　　④　　⑦

4 (1) 17　(2) 19　(3) 18　(4) 13
(5) 13　(6) 13

5 (1) 5―7―9―11―13―15―17
(2) 19―17―15―13―11―9―7
(3) 1―4―7―10―13―16―19
(4) 20―17―14―11―8―5―2

6 (1) 4, 11　(2) 7, 16　(3) 13, 8　(4) 17, 8

7 (1) 7こ　　　　(2) 8まい

解き方

2 (1) 4大きい / 1大きい
12→13→14→15→16
(3) 3小さい / 1小さい　または　3小さい / 1小さい
14→15→16→17　　　17→16→15→14

3 数の系列から，(1)〜(5)のそれぞれの数があといくつで20になるかを考えさせます。
(1) 5つ / 1つ
15→16→17→18→19→20

4 加減の計算ですが，形式的に計算させるだけでなく，数の大小や系列の理解を深めさせてください。
(1)　12+5=☒17☒ ⇐ 12より5大きい数は☒17☒
(4)　15−2=☒13☒ ⇐ 15より2小さい数は☒13☒

5 数の並びのきまりを考えさせます。(1)，(2)では，2つとびの数が入り，(3)，(4)では，3つとびの数が入ることをおさえさせてください。

6 数が数直線上に表せることを理解させます。

7 (1)では，「8にいくつをたせば15になるか」，(2)では，「14からいくつをひけば6になるか」を考えさせます。

1 (1) 3　(2) 4　(3) 6　(4) 9
2 (1) 4　(2) 12　(3) 5　(4) 19
3 (1) 14　(2) 7
4 (1) 18　(2) 20　(3) 11　(4) 12
　(5) 13　(6) 19
5 (1) 2 - 6 - 10 - 14 - 18
　(2) 19 - 15 - 11 - 7 - 3
　(3) 4 - 9 - 14 - 19　(4) 19 - 13 - 7 - 1
6 (1) 13, 14, 15, 16, 17
　(2) 9, 10, 11, 12, 13, 14
　(3) 6, 7, 8, 9, 10, 11, 12
　(4) 10, 11, 12, 13, 14, 15, 16, 17, 18, 19
7 (1) 17円　(2) 18円　(3) 9こ

解き方

1 2つの数の違いを求めます。ひき算で求められ
　ますが, 数の系列から, 小さい数があといくつで
　大きい数になるかを考えさせても求められます。

2 (1) ④大きい
　11 → 12 → 13 → 14 → 15
　(3) ⑤小さい
　13 → 14 → 15 → 16 → 17 → 18

3 20までの数の構成を理解させます。(1)では,
　「10と4で十いくつ」, (2)では, 「17は10とい
　くつ」と考えさせます。

4 3つの数のたし算やひき算では, 前から順に計
　算させてください。また, 数の系列を考えても求
　められます。
　(1) 11+3+4=□,　③大きい　④大きい
　　　14 +4=18　11 → 12 → 13 → 14 → 15 → 16 → 17 → 18

5 数の並びのきまりを考えさせます。(1), (2)では,
　4つとび, (3)では, 5つとび, (4)では, 6つとび
　の数が入ることをおさえてください。

6 20までの数の大小を考えさせます。数直線を
　利用すると, わかりやすくなります。

7 (1)では, 「10と5と2でいくつ」, (2)では, 「5
　と5と5と3でいくつ」, (3)では「14は5といく
　つ」と考えさせます。

1 (1) 17　(2) 20　(3) 4　(4) 13　(5) 12
2 (1) 12 < 6, 6　(2) 16 < 8, 8　(3) 12 - 4 < 4, 4　(4) 18 < 6, 6, 6
3 (1) 3　(2) 13　(3) 4　(4) 18
　(5) 6　(6) 19
4 20まい
5 あゆみ(7)こ, まりえ(5)こ, ゆきこ(8)こ
6 ① てつや(3)こ, ひでき(10)こ, とおる(5)こ
　② てつや(4)こ, ひでき(8)こ, とおる(6)こ
　③ てつや(5)こ, ひでき(6)こ, とおる(7)こ
　④ てつや(6)こ, ひでき(4)こ, とおる(8)こ

解き方

1 20までの数の系列を考えさせます。
　(1) 6大きい
　13 → 14 → 15 → 16 → 17 → 18 → 19
　　2小さい
　(5) 7つあと　　　　　　　　　7つまえ
　5 6 7 8 9 10 11 12 13 14 15 16 17 18 19

2 同じ2つの数や3つの数への分解を考えさせます。
　(1) ○○○○○○○○○○○○
　　　○○○○○○ | ○○○○○○　→ 12は6と6

3 式を簡単にしてから, 残りの数を考えさせます。
　また, 数の系列を考えても求められます。
　(1) 13+2+□=18 → 15+□=18
　　2大きい　　③大きい
　　13 → 14 → 15 → 16 → 17 → 18
　　　　　6小さい
　(6) 11 12 13 → 14 → 15 → 16 → 17 → 18 → 19 20
　　　3大きい

4 おねえさんは, 5+5=10(まい)
　おにいさんは, 10+10=20(まい)

5 条件に合うように, 20を3つの数に分解します。
　まりえさん ○○○○○ 2こ
　あゆみさん ○○○○○ に
　ゆきこさん ○○○○○ ○○○

6 16個のあめをてつやさんととおるさんが同じ
　数になるように3人に配り, 残りの2個をとおる
　さんに配ると考えると, わかりやすくなります。

② 20までの　たしざん

▶ 標準クラス　　p.68〜69

1 (1) 2, 2, 12　(2) 4, 3, 13　(3) 1, 10, 14
　　(4) 2, 10, 11　(5) 3, 10, 16

2 (1)　　(2)　　(3)　　(4)　　(5)

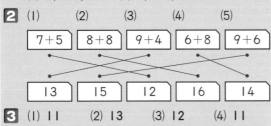

| 7＋5 | 8＋8 | 9＋4 | 6＋8 | 9＋6 |

| 13 | 15 | 12 | 16 | 14 |

3 (1) 11　(2) 13　(3) 12　(4) 11
　　(5) 12　(6) 16　(7) 13　(8) 15
　　(9) 14　(10) 17　(11) 15　(12) 18

4 (1) 〔しき〕 5＋6＝11　　〔こたえ〕 11本
　　(2) 〔しき〕 7＋7＝14　　〔こたえ〕 14本

5 〔しき〕 6＋8＝14　　〔こたえ〕 14こ

6 〔しき〕 7＋9＝16　　〔こたえ〕 16ぴき

解き方

> **アドバイス**　1位数どうしの繰り上がりのあるたし算は，加数を分解して計算する方法と被加数を分解して計算する方法があります。

1 (1)　加数分解　　　(4)　被加数分解

$$8+\underset{2\ 2}{④}=(8+2)+2 \qquad \underset{1\ 2}{③}+8=1+(2+8)$$
$$=10+2=12 \qquad\qquad =1+10=11$$

(1)では，10に近い被加数の8に着目して，あと2で10になることをとらえさせ，加数の4を2と2に分解して計算させてください。

3 問題によって，加数分解と被加数分解のどちらか計算しやすいほうを選択させます。

(1)　加数分解の場合　　(4)　被加数分解の場合

$$9+\underset{1\ 1}{②}=(9+1)+1 \qquad \underset{1\ 3}{④}+7=1+(3+7)$$
$$=10+1=11 \qquad\qquad =1+10=11$$

5 合併の場合は，たし算をすることを理解させます。

$$6+\underset{4\ 4}{⑧}=(6+4)+4=10+4=14$$
　　　←加数分解の場合

6 増加の場合も，たし算をすることを理解させます。

$$\underset{6\ 1}{⑦}+9=6+(1+9)=6+10=16$$
　　　←被加数分解の場合

---

1 (1)　　　　　　(2)

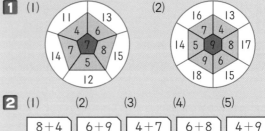

2 (1)　　(2)　　(3)　　(4)　　(5)

| 8＋4 | 6＋9 | 4＋7 | 6＋8 | 4＋9 |

| 6＋5 | 5＋9 | 8＋7 | 5＋8 | 6＋6 |

3 (1) ① 4　　② 9　　　③ 5
　　(2) ① 9　　② 7　　　③ 6
　　(3) ① 5　　② 7　　　③ 4

4 (1) 6　(2) 8　(3) 9　(4) 4
　　(5) 7　(6) 9　(7) 9　(8) 9

5 〔しき〕 7＋5＝12　（おねえさん）
　　　　12＋6＝18　〔こたえ〕 18さい

6 〔しき〕 4＋3＝7
　　（つかった　おりがみと　あげた　おりがみ）
　　　　7＋9＝16　〔こたえ〕 16まい

7 〔しき〕 8＋4＝12　（きょう　よんだ　ページ）
　　　　8＋12＝20　〔こたえ〕 20ページ

解き方

3 (1)　①では，「8にいくつをたすと12になるか」，③では，「いくつに7をたすと12になるか」を，○で表すなどして考えさせます。

5 文章題では，数の関係を図に表すことが大切です。

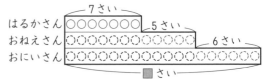

6

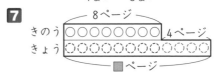

7

1 (1) 8, 14　　(2) 9, 17
　　(3) 13, 18　　(4) 17, 20

2 (1)　　　(2)　　　(3)　　　(4)

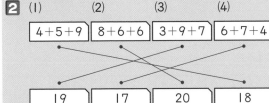

| 4＋5＋9 | 8＋6＋6 | 3＋9＋7 | 6＋7＋4 |

| 19 | 17 | 20 | 18 |

3 (1) 15　(2) 14　(3) 16　(4) 20
　　(5) 14　(6) 18　(7) 19　(8) 20

4 〔しき〕 7＋6＋4＝17　　〔こたえ〕 17人

5 〔しき〕 6＋3＝9　（みかん）
　　　　6＋5＋9＝20　　〔こたえ〕 20こ

6 〔しき〕 7＋2＝9　（男の子）
　　　　7＋9＋3＝19　　〔こたえ〕 19こ

7 〔しき〕 4＋3＝7　（まさるさん）
　　　　7＋2＝9　（よしきさん）
　　　　4＋7＋9＝20　　〔こたえ〕 20こ

解き方

3 3つの数や4つの数のたし算では，前から順に
　計算させてください。

(1)　1＋6＋8＝□
　　　7　＋8＝15

(2)　3＋5＋6＝□
　　　　8　＋6＝14

(5)　2＋4＋3＋5＝□
　　　　6　＋3
　　　　　9　＋5＝14

(6)　4＋1＋7＋6＝□
　　　　　5　＋7
　　　　12　＋6＝18

4 図を使って考えると，式がつくりやすくなります。

子ども
├─── みんなで ■人 ───┤
○○○○○○○ ○○○○○○ ○○○○
はじめ 7人　やってきた 6人　またやってきた 4人

5
かった
もの
├─── ぜんぶで ■こ ───┤
○○○○○○ ○○○○○ ○○○○○○○
なし 6こ　りんご 5こ　　○○○○○○ 3こ
　　　　　　　　　　　なし 6こ
　　　　　　　　　　　みかん(6＋3)こ

7
けんたさん ○○○○ 4こ
まさるさん ○○○○○○○ 3こ
よしきさん ○○○○○○○○○ 2こ
├─── ■こ ───┤

1 (1)　　(2)　　(3)　　(4)

| 5＋3＋9 | 7＋8＋4 | 6＋5＋7 | 8＋4＋8 |

| 3＋8＋7 | 9＋7＋4 | 8＋4＋5 | 4＋9＋6 |

2 (1) 7　(2) 8　(3) 6　(4) 5
　　(5) 7　(6) 6　(7) 4　(8) 8

3 〔しき〕 2＋5＋3＋2＋3＝15
　　　　7＋5＋3＋2＋3＝20
　　　　2＋2＋3＋7＋3＝17

〔こたえ〕 ひろし(15てん), まさと(20てん),
　　　　なおや(17てん)

4 〔しき〕 3＋1＝4（2くみ）　4＋2＝6（3くみ）
　　　　6＋1＝7　（4くみ）
　　　　3＋4＋6＋7＝20　〔こたえ〕 20人

5 〔しき〕 6＋1＋3＋9＝19
　　　　または　6－1－3＝2　2＋9＝11
　　　　　　〔こたえ〕 19人　または　11人

6 〔しき〕 4＋6＋3＋3＝16　3＋6＋6＋4＝19
　　　　4＋3＋4＋6＝17
　　〔こたえ〕 りえ(16てん), ゆみ(19てん),
　　　　　　あや(17てん)

解き方

2 2つの数をたしてから，残りの数を考えさせます。

(1) 2＋6＋□＝15 → 8＋□＝15

(2) 3＋□＋5＝16 → 3＋5＋□＝16 → 8＋□＝16

3 得点表をつくってから，式をたてさせます。

	1かい目	2かい目	3かい目	4かい目	5かい目
ひろしさん	2	5	3	2	3
まさとさん	7	5	3	2	3
なおやさん	2	2	3	7	3

5 ① ゆうやさんがわたるさんの前にいる場合

まえ ├─6人─┤├─■人─┤├──9人──┤ うしろ
●●●●●●○●●●●●●●●●●●
　　　├3人┤
　　ゆうや わたる

② ゆうやさんがわたるさんの後ろにいる場合

まえ ├─6人─┤├■人┤├───────┤ うしろ
●●●○●●●●●●●●●●
　　わたる├3人┤ゆうや
　　　├───9人───┤

3 20までの　ひきざん

標準クラス　p.76〜77

1 (1) 2, 2, 5　(2) 4, 4, 9　(3) 4, 6, 8
　　(4) 2, 2, 8　(5) 7, 3, 7

2 (1)　　　(2)　　　(3)　　　(4)　　　(5)

11−5	16−8	12−7	13−6	14−5

5	7	9	6	8

3 (1) 2　　(2) 4　　(3) 8　　(4) 6
　　(5) 5　　(6) 3　　(7) 7　　(8) 9
　　(9) 6　　(10) 8　　(11) 7　　(12) 9

4 (1) 〔しき〕　14−8=6　　〔こたえ〕　6本
　　(2) 〔しき〕　16−9=7　　〔こたえ〕　7本

5 〔しき〕　13−7=6　　〔こたえ〕　6ぴき

6 〔しき〕　17−8=9　　〔こたえ〕　9かい

解き方

> **アドバイス**　11〜18から1位数をひく繰り下がりのあるひき算は，被減数を分解して計算する方法（減加法）と減数を分解して計算する方法（減々法）があります。

1 (1) 減加法　　　　(4) 減々法

　⑬−8=10−8+3　　　17−⑨=17−7−2
　10 3　　=2+3=5　　　7 2 =10−2=8

(1)では，被減数の13に着目して，13を10と3にわけ，10−8+3（=10+3−8）と考えさせてください。

3 問題によって，減加法と減々法のどちらか計算しやすいほうを選択させてください。

(1)　減加法の場合　　　(4) 減々法の場合

　⑪−9=10−9+1　　　12−⑥=12−2−4
　10 1　　=1+1=2　　　2 4 =10−4=6

5 求残の場合は，ひき算をすることを理解させます。

　⑬−7=10−7+3=3+3=6
　10 3　←減加法の場合

6 求差の場合も，ひき算をすることを理解させます。

　17−⑧=17−7−1=10−1=9
　　7 1　←減々法の場合

ハイクラスA　p.78〜79

1 (1)　　　　　　　(2)

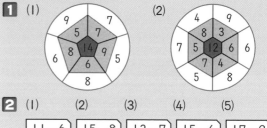

2 (1)　　　(2)　　　(3)　　　(4)　　　(5)

11−6	15−8	13−7	15−6	17−9

13−6	16−7	13−8	11−3	15−9

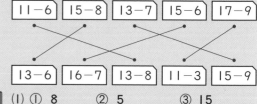

3 (1) ① 8　　② 5　　　　③ 15
　　(2) ① 4　　② 16　　　　③ 7
　　(3) ① 17　② 4　　　　③ 9

4 (1) 9　　(2) 8　　(3) 13　　(4) 12
　　(5) 9　　(6) 7　　(7) 15　　(8) 16

5 〔しき〕　16−3=13　（青い　いろがみ）
　　　　　　13−6=7　　〔こたえ〕　7まい

6 〔しき〕　18−7=11　（木から　とった　りんご）
　　　　　　11−5=6　　〔こたえ〕　6こ

7 〔しき〕　19−8=11　（はじめの　さとしさんの　うしろ）
　　　　　　11−4=7　　〔こたえ〕　7人

解き方

3 (1) ①では，「16からいくつをひくと8になるか」，③では，「いくつから7をひくと8になるか」を，○で表すなどして考えさせます。

5 文章題では，数の関係を図に表すことが大切です。

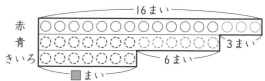

6

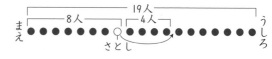

7 図をかいて考えると，わかりやすくなります。

1 (1) 12, 5　(2) 14, 6　(3) 7, 3
　(4) 8, 2　(5) 8, 11　(6) 16, 7

2 (1) 7　(2) 6　(3) 4　(4) 5
　(5) 5　(6) 2　(7) 3　(8) 2
　(9) 11　(10) 9　(11) 6　(12) 16

3 〔しき〕 8−3=5　（きょう たべた おかし）
　　　　17−8−5=4　〔こたえ〕 4こ

4 〔しき〕 19−7=12 （みゆきさんの うしろ）
　　　　12−1−5=6　〔こたえ〕 6人

5 〔しき〕 16+3=19 （きょうしつに いる 子ども）
　　　　19−7=12 （女の子）
　　　　12−7=5
　〔こたえ〕 （ 女の子 ）が （ 5 ）人 おおい。

6 〔しき〕 20−9+6=17 （2つ目に いく まえ）
　　　　17−8+4=13　〔こたえ〕 13人

解き方

2 (9)〜(12)のように，たし算とひき算が混じってい
ても，前から順に計算させてください。

(1) 17−2−8=□↗
　15　−8 = 7

(5) 19−3−5−6=□↗
　16　−5
　　11　−6 = 5

(9) 12−8+7=□↗
　4　+7 = 11

(11) 16−7+3−6=□↗
　9　+3
　　12　−6 = 6

3 図を使って考えると，式がつくりやすくなります。

ぜんぶで 17こ
おかし ○○○○○○○○｜◌◌◌｜○○○○○｜○○○ 3こ
　　　きのう 8こ　のこり　きのう 8こ
　　　　　□こ
　　　　きょう（8−3）こ

4

19人
7人　　　　　5人
まえ ●●●●●●●●●●●○●●●●●● うしろ
　　　　みゆき　　　　はるな

6 最後から逆に考えて，乗った人はひき算，降り
た人はたし算になることを理解させます。

〔別解〕(乗った人数)−(降りた人数)=(増えた人数)
8+9=17 （乗った人数）
4+6=10 （降りた人数）
17−10=7 （増えた人数）
20−7=13 （乗っている人数−増えた人数）

1 (1)　　(2)　　(3)　　(4)
| 13−7−1 | 17−8−6 | 19−5−8 | 16−9−3 |

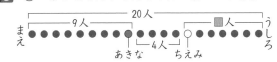

| 14−6−2 | 20−7−9 | 15−8−4 | 18−6−7 |

2 (1) 8　(2) 9　(3) 18　(4) 3
　(5) 9　(6) 9　(7) 4　(8) 13

3 (1) ア 10　イ 2　ウ 6　エ 8　オ 0　カ 7
　(2) ア 4　イ 7　ウ 9　エ 3　オ 5　カ 5

4 〔しき〕 9+3=12 （おとうと）
　　　　12+7=19 （おとうさん）
　　　　19−6=13 （おかあさん）
　　　　13−8=5　〔こたえ〕 5こ

5 〔しき〕 20−9−4=7
　　　　または 9−1−4−1=3　20−3=17
　〔こたえ〕 7ばん目　または 17ばん目

6 〔しき〕 3+0=3　4+1=5　0+3+0+5=8
　　　　2+6=8　5+7=12　8+0+12+0=20
　　　　20−8=12
〔こたえ〕 （ かおりさん ）が （ 12 ）てん おおい。

解き方

2 式を簡単にしてから，残りの数を考えさせます。
(1) 15−3−□=4 → 12−□=4
(2) 17−□−5=3 → 17−5−□=3 → 12−□=3
(3) □−5−6=7 → □−5−6=7 → □−5=13

3 (1) 3+4=イ+5, 3+5=イ+ウ → イ=2, ウ=6
　(2) 7+イ=6+8, 7+6=オ+8 → イ=7, オ=5

5 ① あきなさんがちえみさんの前にいる場合

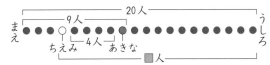

20人
9人　　　　■人
まえ ●●●●●●●●●○●●●●●●●●● うしろ
　　　　　あきな　　ちえみ
　　　　　　　4人

② あきなさんがちえみさんの後ろにいる場合

20人
9人
まえ ●●●●●●●○●●●●●●●●●●● うしろ
　　　ちえみ　　あきな
　　　　　4人
　　　　　　　　■人

6

	1かい目	2かい目	3かい目	4かい目
まさやさん	0	3+0	0	4+1
かおりさん	2+6	0	5+7	0

1 (1) |1|12|15|17|18| (2) |10|13|14|16|19|20|

2 (1) |7|—|9|—|11|—|13|—|15|—|17|—|19|

(2) |2|—|5|—|8|—|11|—|14|—|17|—|20|

(3) |8|—10—|12|—|14|—|16|—|18|—20|

3 (1) 11　　(2) 12　　(3) 14　　(4) 13

(5) 15　　(6) 14　　(7) 13　　(8) 17

(9) 16

4 (1) 4　　(2) 7　　(3) 6　　(4) 9

(5) 5　　(6) 7　　(7) 8　　(8) 7

(9) 9

5 (1) 7　　(2) 6　　(3) 9　　(4) 5

(5) 4　　(6) 8　　(7) 12　　(8) 17

6 〔しき〕 13－9＝4

　　〔こたえ〕（ はと ）が（ 4 ）わ　おおい。

7 〔しき〕 12－5＝7 （かき）

　　　　 12＋7＝19　　〔こたえ〕 19こ

8 〔しき〕 9＋4＝13 （しんじさん）

　　　　 13＋5＝18　　〔こたえ〕 18本

解き方

1 小さい順に並べる並べ方は，まず，いちばん小さい数を選んで書きます。次に，残った数の中からいちばん小さい数を選んで書きます。この操作を繰り返していきます。

2 数の並びのきまりを見つけて，□にあてはまる数を入れます。(1)は，2つとび，(2)は，3つとびになっています。(3)は，数直線の1目盛りの大きさが2になっています。

3 問題によって，加数分解と被加数分解のどちらか計算しやすいほうを選択させてください。

(1) 加数分解の場合　　　　被加数分解の場合

$6+\underset{4\ 1}{\textcircled{5}}=(6+4)+1$ 　　$\underset{1\ 5}{\textcircled{6}}+5=1+(5+5)$

$=10+1=11$ 　　　$=1+10=11$

(2) 加数分解の場合　　　　被加数分解の場合

$4+\underset{6\ 2}{\textcircled{8}}=(4+6)+2$ 　　$\underset{2\ 2}{\textcircled{4}}+8=2+(2+8)$

$=10+2=12$ 　　　$=2+10=12$

(9) 加数分解の場合　　　　被加数分解の場合

$7+\underset{3\ 6}{\textcircled{9}}=(7+3)+6$ 　　$\underset{6\ 1}{\textcircled{7}}+9=6+(1+9)$

$=10+6=16$ 　　　$=6+10=16$

4 問題によって，減加法と減々法のどちらか計算しやすいほうを選択させてください。

(1) 減加法の場合　　　　　減々法の場合

$\underset{10\ 1}{\textcircled{11}}-7=10-7+1$ 　　$11-\underset{1\ 6}{\textcircled{7}}=11-1-6$

$=3+1=4$ 　　　$=10-6=4$

(2) 減加法の場合　　　　　減々法の場合

$\underset{10\ 2}{\textcircled{12}}-5=10-5+2$ 　　$12-\underset{2\ 3}{\textcircled{5}}=12-2-3$

$=5+2=7$ 　　　$=10-3=7$

(9) 減加法の場合　　　　　減々法の場合

$\underset{10\ 8}{\textcircled{18}}-9=10-9+8$ 　　$18-\underset{8\ 1}{\textcircled{9}}=18-8-1$

$=1+8=9$ 　　　$=10-1=9$

5 (1)は，「5にいくつをたすと12になるか」，

(3)は，「いくつに6をたすと15になるか」，

(5)は，「12からいくつをひくと8になるか」，

(7)は，「いくつから6をひくと6になるか」を，

○で表すなどして考えさせます。

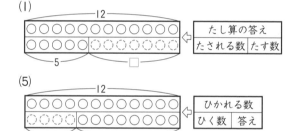

6 文章題では，図を使って考えさせると，式がつくりやすくなります。

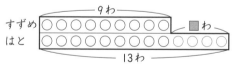

$\underset{10\ 3}{\textcircled{13}}-9=10-9+3=1+3=4$

←減加法の場合

7

みかん ○○○○○○○○○○○○ 12こ

かき （○○○○○○○）5こ

□こ

8

ゆうたさん ○○○○○○○○○ 9本

しんじさん （○○○○）4本

さとるさん （○○○○○）5本

□本

1 (1) 3　(2) 18　(3) 6　(4) 18, 19
(5) 11

2 (1) 16　(2) 19　(3) 19　(4) 20

3 (1) 5　(2) 3　(3) 5　(4) 4

4 (1) 9　(2) 12　(3) 17　(4) 6

5 (1) 5　(2) 9　(3) 4　(4) 19
(5) 6　(6) 13

6 〔しき〕 18−6−5=7 （のこりの キャラメル）
　　　　　 7+4+3=14 　〔こたえ〕14こ

7 〔しき〕 9+5−8=6 （のこりの 男の子）
　　　　　 6+3=9 （のこりの 女の子）
　　　　　 8+7−9=6 　〔こたえ〕6人

8 〔しき〕 8+7+3+1+1=20
　　　 または　8−3=5　7−3=4
　　　　　　　5+4+3+1+1=14
　　　　　 〔こたえ〕 20こ　または　14こ

解き方

1 (3)以外は，20 までの数の系列を考えさせます。

(1)
③大きい
12 → 13 → 14 → 15

(2)
5小さい
13 → 14 → 15 → 16 → 17 → 18 → 19 → 20

(3) 20 までの数の構成を考えさせます。
16 ⟺ 10 が 1 個と 1 が 6 個

(4)
17より大きくて20より小さい
15　16　17　 18 　 19 　20

(5)
4つあと　　　　　　　　　 4つまえ
7 → 8 → 9 → 10 → 11 → 12 → 13 → 14 → 15

2 前から順に計算していくのが基本ですが，(3)の
たし算では，計算を楽にするために，後の2つを
先にたす方法もあります。

(1) 4+3+9=□
　 7 +9=16

(2) 6+8+5=□
　 14 +5=19

(3) 2+7+4+6=□
　 9 +4
　 13 +6=19
　　　　　　　2+7+4+6=□
　　　　　　　9 + 10 =19

(4) 3+5+8+4=□
　 8 +8
　 16 +4=20

---

3 ひき算では，前から順に計算させてください。

(1) 16−3−8=□
　 13 −8=5

(2) 14−5−6=□
　 9 −6=3

(3) 19−4−3−7=□
　 15 −3
　 12 −7=5

(4) 20−2−9−5=□
　 18 −9
　 9 −5=4

4 たし算とひき算の混じった計算では，前から順
に計算させてください。

(3) 13+2−6+8=□
　 15 −6
　 9 +8=17

(4) 17−9+7−9=□
　 8 +7
　 15 −9=6

5 式を簡単にしてから，残りの数を考えさせます。

(1) 2+7+□=14 → 9+□=14

(2) 5+□+3=17 → 5+3+□=17 → 8+□=17

(3) 16−□−7=5 → 16−7−□=5 → 9−□=5

(4) □−8−5=6 → □−8 −5=6 → □−8=11
　　（ □ −5=6 → □ =11）

(5) 11+4−□=9 → 15−□=9

(6) □−7+6=12 → □−7 +6=12 → □−7=6
　　（ □+6=12 → □=6）

6
はじめ 18こ
キャラメル ○○○○○○○○○○○○○○○○○○
きのう　6こ　きょう　5こ　のこり　■こ
▲こ
○○○○○○○○○○○○○○○○○○
おとうさん　おにいさん　のこり
4こ　　3こ　　(18−6−5)こ

7
はじめ 9人　　やってきた 5人
男の子 ○○○○○○○○○○○○○○
　　　 のこり　■人　　かえった　8人

はじめ 8人　　やってきた 7人
女の子 ○○○○○○○○○○○○○○○
　　　 のこり（■+3）人　　かえった　▲人

8 ① てつやさんがまなみさんの右にいる場合
■こ
7こ　　3こ　　8こ
左 ○○○○○○○●○○○●○○○○○○○○ 右
　　　　　 まなみ　てつや

② てつやさんがまなみさんの左にいる場合
■こ
てつや　空いている 8こ
左 ○○○○●○○○●○○○○○○○ 右
　空いている　3こ　まなみ
　　7こ

1 20より 大きい かず

▶標準クラス　　p.88〜89

1 (1) 50　(2) 64　(3) 47　(4) 35

2 (1) 93　(2) 7, 6　(3) 112
　　(4) 69　(5) 8, 0　(6) 117

3 (1) 35 43 39　(2) 64 57 71
　　　( )(○)( )　　　( )( )(○)

　　(3) 78 87 77 88　(4) 114 108 120 116
　　　( )( )( )(○)　　　( )( )(○)( )

4 (1) 60—70—80—90—100—110—120
　　(2) 100—95—90—85—80—75—70
　　(3) 84—86—88—90—92—94—96
　　(4) 113—112—111—110—109—108—107

5 (1) 61 53 45 37 29　(2) 97 91 90 89 82 78

6 (1) 50　(2) 78　(3) 110

解き方

1 具体物の数を数えて，その数を数字で表します。
10以上の数を数えるには，10のまとまりが何個
と，1が何個あるかを数えることを理解させます。
「10がいくつと1がいくつ」と数えさせてください。

> **アドバイス**　2桁の数は，十の位(10のまとまりを
> 書くところ)と一の位(1のまとまりを書くところ)
> で構成されていることを理解させます。

2 (1) 10が 9こで 90
　　　　1が 3こで 3 ｝93 ⇒

十の くらい	一の くらい
9	3

　　(2) 76 ｛70は 10が 7こ
　　　　　　6は 1が 6こ

3 120までの数について，大小を判断させます。
大小を比較するときは，大きな位の数から順に
(百の位→十の位→一の位と)比べていきます。

4 数の並びのきまりを見つけて□に数を入れます。
まず，いくつとびになっているかを考えます。
(1)は10ずつ増え，(2)は5ずつ減っています。

6 120までの数の系列を考えさせます。

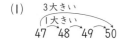

(1) 47 48 49 50（3大きい／1大きい）

(2) 78 79 80（2小さい／1小さい）

▶▶ハイクラスA　　p.90〜91

1 (1) 69, 67, 65　(2) 97, 67, 57, 87
　　(3) 97, 89, 96　(4) 69, 67, 57, 65
　　(5) 76, 78

2 (1) 81　(2) 56　(3) 108　(4) 106
　　(5) 89　(6) 113

3 (1) 51—53—55—57—59—61—63
　　(2) 80—77—74—71—68—65—62
　　(3) 70—76—82—88—94—100—106
　　(4) 120—116—112—108—104—100—96

4 (1) 90, 110　(2) 96, 106
　　(3) 108, 88　(4) 114, 74

5 (1) 24, 34, 44, 54, 64, 74, 84
　　(2) 22, 33, 44, 55, 66, 77, 88
　　(3) 77, 78, 79, 87, 88, 89

解き方

1 2桁の数の構成や系列を理解させます。

(1)

十の くらい	一の くらい
6	□

(2)

十の くらい	一の くらい
□	7

(5)　　75より 大きくて 85より 小さい かず

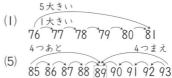

75 [76 77 78 79 80 81 82 83 84] 85

2 120までの数の系列を考えさせます。

(1) 76 77 78 79 80 81（5大きい／1大きい）

(5) 85 86 87 88 89 90 91 92 93（4つあと／4つまえ）

3 数の並びのきまりを考えさせます。
(1)は2ずつ増え，(2)は3ずつ減っています。
(3)は6ずつ増え，(4)は4ずつ減っています。

4 数が数直線上に表せることを理解させます。
この問題では，まず，数直線の1目盛りの大きさ
が2になっていることをとらえさせます。

5 20から90までの数の構成を考えさせます。

(1)

十の くらい	一の くらい
□	4

⇦ 20から90までだから，□に入る
数字は，2, 3, 4, 5, 6, 7, 8の7個。

(3) 十の位が7か8か9で，一の位も7か8か9
なので，77, 78, 79, 87, 88, 89の6個。

1 (1) 2　(2) 8　(3) 15　(4) 50

2 (1) 8　(2) 77　(3) 12　(4) 117

3 (1) 63　(2) 107　(3) 110　(4) 15
　　(5) 19　(6) 7

4 (1) 120─100─80─60─40─20─0

　　(2) 30─45─60─75─90─105─120

　　(3) 100─91─82─73─64─55─46

　　(4) 34─45─56─67─78─89─100

5 (1) 97　(2) 13　(3) 31, 35, 37, 39
　　(4) 15, 35, 75, 95　(5) 39

6 90円

7 7こ

解き方

1 2つの数の違いを求めます。数の系列から，小さい数があといくつで大きい数になるかを考えさせてください。（ひき算でも求められます。）

2 120までの数の系列を考えさせます。

(1)
　　⑧大きい
　65 66 67 68 69 70 71 72 73

(3)
　　⑫小さい
　88 89 90 91 92 93 94 95 96 97 98 99 100

3 120までの数の構成を理解させます。

(1) 10が　5こで　50
　　1が　13こで　13　　あわせて(50と13で)63

(4) 10が　6こで　60 ⇨ 75
　　60 (10が 6こ)
　　15は1が15こ

4 (1)は20ずつ減り，(2)は15ずつ増えています。(3)は9ずつ減り，(4)は11ずつ増えています。

5 (1) 十の位は，いちばん大きい数の9が入り，一の位は，2番目に大きい数の7が入ります。

(5)
　39 40　　　44　　　50 51
　　└5┘　　　└7┘

6 50円玉が　1こ ⇨ 50円
　10円玉が　2こ ⇨ 20円
　　5円玉が　3こ ⇨ 15円　　90円
　　1円玉が　5こ ⇨　5円

7 10円玉が　6こ ⇨ 60円
　　5円玉が　5こ ⇨ 25円　　85円
　あと7円で92円だから，1円玉は7こ。

---

1 (1) 30　(2) 43　(3) 76　(4) 5　(5) 6

2 (1) 20　(2) 94　(3) 42　(4) 86　(5) 49

3 （左から　じゅんに）
　(1) 48, 80, 96, 112
　(2) 12, 30, 90, 108

4 (1) 60─64─72─76─84─88─96

　　(2) 25─35─55─65─85─95─115

　　(3) 50─52─56─62─70─80─92

　　(4) 10─15─25─40─60─85─115

5 （左から　じゅんに）
　(1) ㋐ 18, 24　㋑ 24, 48　㋒ 60, 90
　(2) ㋐ 21, 29　㋑ 26, 58　㋒ 35, 55

6 8こ

7 68円

解き方

1 120までの数の系列や構成を考えさせます。

(1)
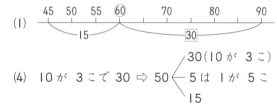

(4) 10が 3こで 30 ⇨ 50
　　30 (10が 3こ)
　　5は1が5こ
　　15

2 (1) 2桁の数なので，十の位に0は入りません。十の位は，0以外のいちばん小さい数2が入り，一の位は，十の位に入らなかった0が入ります。

(5)

3 まず，数直線の1目盛りの大きさがいくつになっているか考えさせます。(1)は1目盛りの大きさが4，(2)は1目盛りの大きさが6になっています。

4 次のように，数が増えています。
　(1) 4, 8, 4, 8, 4, 8
　(2) 10, 20, 10, 20, 10, 20
　(3) 2, 4, 6, 8, 10, 12
　(4) 5, 10, 15, 20, 25, 30

5 実際に数の列をかいて求めます。
　(1) ㋐ 2 4 6 8 10 ⑫ 14 16 18 20 22 24
　　㋑ 4 8 12 16 20 24 28 32 36 40 44 48
　　㋒ 10 20 30 40 50 60 70 80 90 100 110 120

2 20より 大きい かずの たしざん

標準クラス　p.96〜97

1 (1) 3, 7, 67　　　(2) 80, 80, 89
　　(3) 6, 6, 86　　　(4) 30, 70, 78

2 (1) 58　　(2) 93　　(3) 76　　(4) 47
　　(5) 89　　(6) 69　　(7) 90　　(8) 80
　　(9) 100　　(10) 59　　(11) 98　　(12) 87

3 (1)　　　　　　　　　(2)

4 (1) 〔しき〕　45＋3＝48　　　〔こたえ〕　48 円
　　(2) 〔しき〕　34＋40＝74　　　〔こたえ〕　74 円

5 〔しき〕　67＋20＝87　　　〔こたえ〕　87 まい

6 〔しき〕　50＋36＝86　　　〔こたえ〕　86 こ

解き方

1 繰り上がりのない2位数と1位数，2位数と何十のたし算では，2位数を十の位と一の位に分けて，同じ位どうしのたし算をします。
(1) 63を60と3に分け，一の位の3と4をたします。
(3) 56を50と6に分け，十の位の5と3をたします。

2 (4)〜(6)は，一の位どうしのたし算，(7)〜(12)は，十の位どうしのたし算をさせます。

5 はじめもっていた数量にいくつかの数量が加わるという，増加の場合です。増加の場合は，たし算をすることを理解させます。

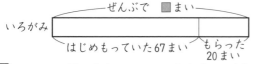

6 2つの数量のうちの大きいほうを求める（求大）場合です。「ガムが36こおおくある」ことから，答えはたし算を使って求められることに気づかせます。図をかくと，数の関係がよくわかります。

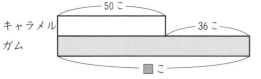

ハイクラスA　p.98〜99

1 (1) 5, 8, 68　　　(2) 30, 80, 87
　　(3) 4, 4, 8, 78　　(4) 40, 50, 90, 99
　　(5) 6, 40, 70, 9, 79

2 (1) 45　　(2) 65　　(3) 68　　(4) 98
　　(5) 89　　(6) 78　　(7) 97　　(8) 86
　　(9) 89　　(10) 98　　(11) 87　　(12) 99

3 (1) 〔しき〕　34＋23＝57　　〔こたえ〕　57 円
　　(2) 〔しき〕　42＋56＝98　　〔こたえ〕　98 円

4 〔しき〕　12＋30＝42　（おとうさん）
　　　　　42＋36＝78　　〔こたえ〕　78 さい

5 〔しき〕　24＋12＝36（たべた みかんと あげた みかん）
　　　　　36＋32＝68　　　〔こたえ〕　68 こ

6 〔しき〕　34＋21＝55　（まりなさん）
　　　　　34＋55＝89　　〔こたえ〕　89 まい

解き方

1 2位数どうしの繰り上がりのないたし算を練習させます。計算のしかたは，2位数を十の位と一の位に分けて，十の位どうしのたし算，一の位どうしのたし算をします。
(1) 23を20と3，45を40と5に分け，十の位の2と4をたし，一の位の3と5をたします。
$$23＋45＝(20＋3)＋(40＋5) \Leftarrow 各位に分ける$$
$$＝(20＋40)＋(3＋5) \Leftarrow 位ごとにたす$$
$$＝60＋8＝68 \Leftarrow 60と8で68$$

2 2位数を十の位と一の位に分けて，十の位どうしのたし算，一の位どうしのたし算をさせます。

4 文章題では，数の関係を図に表すことが大切です。

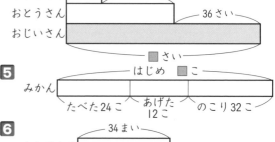

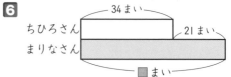

1 (1) 6, 10, 60　　(2) 40, 80, 90
　(3) 8, 12, 52　　(4) 20, 70, 83
　(5) 6, 40, 70, 14, 84

2 (1) 60　(2) 80　(3) 70　(4) 90
　(5) 41　(6) 62　(7) 83　(8) 82
　(9) 95　(10) 97

3 〔しき〕36＋14＝50　（クッキー）
　　　50＋28＝78　　〔こたえ〕78円

4 〔しき〕23＋12＝35　（きょう）
　　　23＋35＝58　（きのうと　きょう）
　　　58＋38＝96　〔こたえ〕96ページ

5 〔しき〕26＋17＝43　（ひできさん）
　　　28＋19＝47　（ふゆみさん）
　　　43＋47＝90　　〔こたえ〕90円

6 〔しき〕12＋12＝24（きのう のこった おりがみ）
　　　24＋24＝48（おととい のこった おりがみ）
　　　48＋48＝96　〔こたえ〕96まい

解き方

1 2位数どうしの繰り上がりのあるたし算を練習
させます。計算のしかたは、繰り上がりのないた
し算と同様に、2位数を十の位と一の位に分けて、
位ごとのたし算をします。

　(3) 18 を 10 と 8，34 を 30 と 4 に分け，十の位
　　の1と3をたし，一の位の8と4をたします。
　　　18＋34＝(10＋8)＋(30＋4)　⇦ 各位に分ける
　　　　　　＝(10＋30)＋(8＋4)　⇦ 位ごとにたす
　　　　　　＝40＋12＝52　　　⇦ 40と12で52

4
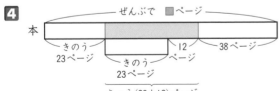

6
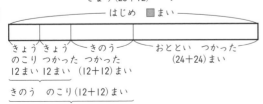

1 (1) 2, 9, 69　　(2) 30, 70, 86

2 (1) 69　(2) 78　(3) 77　(4) 98
　(5) 90　(6) 80　(7) 84　(8) 99
　(9) 98　(10) 97

3 〔しき〕12＋13＝25（青い　いろがみ）
　　　25＋7＝32（赤い　いろがみ）
　　　32＋9＝41（きいろい　いろがみ）
　　　32＋25＋41＝98〔こたえ〕98まい

4 〔しき〕17＋12＝29　（ガム）
　　　29＋6＝35　（ビスケット）
　　　35＋8＝43　（キャンディ）
　　　35＋43＋17＝95　〔こたえ〕95円

5 〔しき〕15＋10＋20＋25＝70
　　　30＋25＋20＋10＝85
　　　15＋25＋20＋25＝85
〔こたえ〕ななみ（70てん），さくら（85てん）
　　　えりか（85てん）

解き方

1 3つの2位数や4つの2位数のたし算も，2つ
の2位数のたし算と同様に，2位数を十の位と一
の位に分けて，位ごとのたし算をします。

　(2) 25＋34＋27＝(20＋5)＋(30＋4)＋(20＋7)
　　　　　　　　＝(20＋30＋20)＋(5＋4＋7)
　　　　　　　　＝70＋16＝86

3
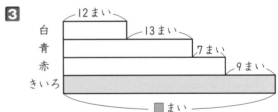

4
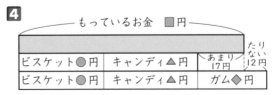

5

	1かい目	2かい目	3かい目	4かい目
ななみさん	15	10	20	25
さくらさん	30	25	20	10
えりかさん	15	25	20	25

③ 20より 大きい かずの ひきざん

▶標準クラス　　　　p.104〜105

1 (1) 5, 2, 42　　　　(2) 60, 60, 63
(3) 6, 6, 36　　　　(4) 70, 40, 48

2 (1) 30　(2) 50　(3) 80　(4) 23
(5) 74　(6) 95　(7) 20　(8) 50
(9) 60　(10) 37　(11) 33　(12) 64

3 (1)　　　　　　　　　　(2)

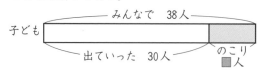

4 (1) 〔しき〕　57−4=53　　〔こたえ〕 53円
(2) 〔しき〕　65−20=45　　〔こたえ〕 45円

5 〔しき〕　38−30=8　　〔こたえ〕 8人

6 〔しき〕　84−60=24
〔こたえ〕　(ねこ)が (24)ひき おおい。

解き方

1 繰り下がりのない2位数と1位数，2位数と何
十のひき算では，2位数を十の位と一の位に分け
て，同じ位どうしのひき算をします。
(1) 45を40と5に分け，一の位の5から3をひきます。
(3) 56を50と6に分け，十の位の5から2をひきます。

2 (1)〜(6)は，一の位どうしのひき算，(7)〜(12)は，
十の位どうしのひき算をさせます。

5 残りの数量を求める(求残)場合です。「なん人
のこっていますか」というときは，ひき算をする
ことを理解させます。

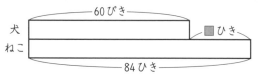

6 2つの数量の違いを求める(求差)場合です。
「ちがいはいくつ」「どちらがどれだけおおい」な
どの場合は，ひき算をすることを理解させます。

---

1 (1) 3, 4, 34　　　　(2) 30, 50, 52
(3) 5, 2, 3, 23　　　(4) 70, 60, 10, 18
(5) 8, 50, 40, 2, 42

2 (1) 14　(2) 23　(3) 42　(4) 41
(5) 35　(6) 20　(7) 16　(8) 32
(9) 23　(10) 44　(11) 65　(12) 76

3 (1) 〔しき〕　46−23=23　　〔こたえ〕 23円
(2) 〔しき〕　78−36=42　　〔こたえ〕 42円

4 〔しき〕　67−20=47　(おとうと)
47−13=34　　〔こたえ〕 34こ

5 〔しき〕　96−12=84　(女の子と 男の子)
84−43=41　　〔こたえ〕 41人

6 〔しき〕　89−32=57　(はじめの かおるさんの まえ)
57−14=43　　〔こたえ〕 43人

解き方

1 2位数どうしの繰り下がりのないひき算を練習
させます。計算のしかたは，2位数を十の位と一
の位に分けて，十の位どうしのひき算，一の位ど
うしのひき算をします。
(1) 57を50と7，23を20と3に分け，十の位
の5から2をひき，一の位の7から3をひきます。
　57−23=50+7−20−3 ⇦ 各位に分ける
　　　　　=50−20+7−3 ⇦ 位ごとにひく
　　　　　=30+4=34 ⇦ 30と4で34

2 2位数を十の位と一の位に分けて，十の位どう
しのひき算，一の位どうしのひき算をさせます。

4 文章題では，数の関係を図に表すことが大切です。

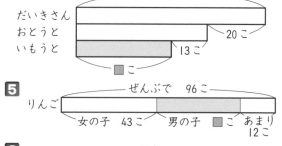

5

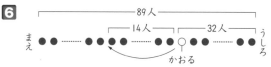

6

1 (1) 6, 4, 24　　　　　(2) 30, 40, 48
　　(3) 13, 5, 35　　　　(4) 60, 20, 27
　　(5) 14, 50, 30, 8, 38

2 (1) 25　　(2) 37　　(3) 42　　(4) 39
　　(5) 15　　(6) 19　　(7) 28　　(8) 36
　　(9) 49　　(10) 38

3 〔しき〕24−6=18 （いもうと）
　　　　　　24+18=42 （あげた　おはじき）
　　　　　　80−42=38 　〔こたえ〕38 こ

4 〔しき〕34−9=25 （メロン）
　　　　　　34+25=59 （びわと　メロン）
　　　　　　92−59=33 （もも）
　　　　　　33−25=8
　　〔こたえ〕（ もも ）が（ 8 ）こ　おおい。

5 〔しき〕18+18=36 （ガム　2こ）
　　　　　　85−17=68 （はらった　お金）
　　　　　　68−36=32 　〔こたえ〕32 円

6 〔しき〕32−3=29 （2くみ）
　　　　　　32+29=61 （1くみと　2くみ）
　　　　　　88+7=95 （1くみと 2くみと 3くみ）
　　　　　　95−61=34 　〔こたえ〕34 人

解き方

1 2位数どうしの繰り下がりのあるひき算を練習
させます。計算のしかたは，ひかれる数を「何十
と十いくつ」に，ひく数を「何十といくつ」に分
けて，（何十）−（何十）と（十いくつ）−（いくつ）
のひき算をします。

(3) 63 を 50 と 13，28 を 20 と 8 に分け，
　50−20，13−8 のひき算をします。
　　　63−28=50+13−20−8 　⇦ ひかれる数を
　　　　　　=50−20+13−8 　　「何十と十いくつ」
　　　　　　=30+5=35 　　　　に分ける。

6
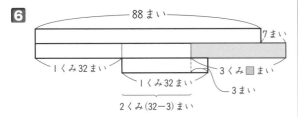

1 (1) 2, 2, 22　　　　　(2) 30, 10, 13

2 (1) 23　　(2) 44　　(3) 24　　(4) 42
　　(5) 43　　(6) 34　　(7) 61　　(8) 46
　　(9) 23　　(10) 96

3 〔しき〕96−57−24=15 （白い　カード）
　　　　　　15+14=29 （赤い　カード）
　　　　　　57−29=28 　〔こたえ〕28 まい

4 〔しき〕50+10+10+10+5+5+5=95
　　　　　　10+1+1=12
　　　　　　95−12=83 （はらった　お金）
　　　　　　36−19=17 （あめ）
　　　　　　83−36−17=30 （せんべい）
　　　　　　30−17=13
　　〔こたえ〕（ せんべい ）が（ 13 ）円　たかい。

5 〔しき〕98−63=35 （ふえた　人の　かず）
　　　　　　29+32+36=97 （のった　人の　かず）
　　　　　　97−35=62 （おりた　人の　かず）
　　　　　　62−18−27=17 　〔こたえ〕17 人

解き方

1 (1) 繰り下がりのないひき算は，2位数を十の
　　位と一の位に分けて，位ごとのひき算をします。
　(2) 繰り下がりのあるひき算は，ひかれる数を
　　「何十と十いくつ」に，ひく数を「何十といく
　　つ」に分けて，計算します。
　　　74−36−25=60+14−30−6−20−5
　　　　　　　　=60−30−20+14−6−5
　　　　　　　　=10+3=13

3
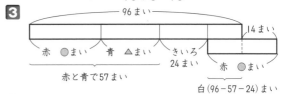

5 （乗った人数）−（降りた人数）=（増えた人数）
　〔別解〕最後から逆に考えて，降りた人はたし算，
　乗った人はひき算になることを理解させます。
　　98−36+27=89 （3つ目の駅に行く前の人数）
　　89−32+18=75 （2つ目の駅に行く前の人数）
　　75−29=46 （上の人数−1つ目の駅で乗った人数）
　　63−46=17 （1つ目の駅に行く前の人数−上の人数）

1 (1) 28 36 44 52 60　(2) 73 79 81 87 90 95

2 (1) 90 95 100 105 110 115 120

　(2) 72 80 88 96 104 112 120

　(3) 90　92　94　96　98　100　102

3 (1) 84　　(2) 79　　(3) 98　　(4) 70

　(5) 88　　(6) 96　　(7) 87　　(8) 69

　(9) 97

4 (1) 40　　(2) 62　　(3) 94　　(4) 50

　(5) 26　　(6) 49　　(7) 43　　(8) 26

　(9) 65

5 (1) 20, 30, 40, 50, 60, 70, 80, 90

　(2) 11, 12, 20, 21, 22

　(3) 19, 28, 37, 46, 55, 64, 73, 82, 91

6 〔しき〕　45＋13＝58　　　〔こたえ〕　58人

7 〔しき〕　56－24＝32　（しんごさん）

　　　　　56＋32＝88　　　〔こたえ〕　88まい

8 〔しき〕　98－23＝75　（白い　花）

　　　　　75－32＝43　　　〔こたえ〕　43本

解き方

1 2けたの数を小さい順に並べさせます。

(1) 十の位の数を比べて，大小を判断させます。

(2) まず十の位の数を比べ，十の位が同じ数は一の位の数を比べて，大小を判断させます。

2 数の並びのきまりを見つけて□に数を入れます。

(1)，(2)では，いくつとびになっているかを考えさせます。(3)では，1目盛りの大きさがいくつになっているかを考えさせます。

(1)は5ずつ増え，(2)は8ずつ増えています。

(3)は1目盛りの大きさが2になっています。

3 （2位数）＋（何十），（2位数）＋（2位数）などの繰り上がりのないたし算を練習させます。計算のしかたは，2位数を十の位と一の位に分けて，十の位どうしのたし算，一の位どうしのたし算をします。

(2) 72を70と2に分け，一の位の2と7をたします。

$$72＋7＝70＋2＋7＝70＋9＝79$$

(5) 28を20と8に分け，十の位の6と2をたします。

$$60＋28＝60＋20＋8＝80＋8＝88$$

(7) 25を20と5，62を60と2に分け，十の位の2と6をたし，一の位の5と2をたします。

$$25＋62＝20＋5＋60＋2 \Leftarrow 各位に分ける$$
$$＝20＋60＋5＋2 \Leftarrow 位ごとにたす$$
$$＝80＋7＝87 \Leftarrow 80と7で87$$

4 （2位数）－（何十），（2位数）－（2位数）などの繰り下がりのないひき算を練習させます。計算のしかたは，2位数を十の位と一の位に分けて，十の位どうしのひき算，一の位どうしのひき算をします。

(2) 69を60と9に分け，一の位の9から7をひきます。

$$69－7＝60＋9－7＝60＋2＝62$$

(5) 56を50と6に分け，十の位の5から3をひきます。

$$56－30＝50＋6－30＝20＋6＝26$$

(7) $57－14＝50＋7－10－4 \Leftarrow 各位に分ける$
$$＝50－10＋7－4 \Leftarrow 位ごとにひく$$
$$＝40＋3＝43 \Leftarrow 40と3で43$$

5 11から99までの数の構成を考えさせます。

(1)

十の くらい	一の くらい
□	0

$\Leftarrow$ 11から99までだから，□に入る数字は，2, 3, 4, 5, 6, 7, 8, 9の8個。

(2) 十の位の数字が1か2で，一の位の数字が0か1か2なので，11, 12, 20, 21, 22の5個。

(3)

$\Leftarrow$ ●＋▲＝10だから，たとえば，●が1のときは，▲は9になる。

6 文章題では，図を使って考えさせると，式がつくりやすくなります。

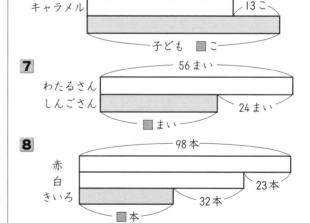

1　(1) 8　　(2) 112　　(3) 26　　(4) 4

2　(1) 86　　(2) 20　　(3) 64　　(4) 48

3　(1) 80　　(2) 90　　(3) 83　　(4) 96
　　(5) 18　　(6) 59　　(7) 27　　(8) 38

4　(1) 98　　(2) 89　　(3) 32　　(4) 22
　　(5) 25　　(6) 85

5　〔しき〕　65−42+50=73　（きのうの　のこり）
　　　　　　67−40=27　（きょう　かう　まえ）
　　　　　　73−27=46　　〔こたえ〕　46 こ

6　〔しき〕　50+10+10+10+10+5=95　（お金（かね））
　　　　　　34+13=47　（けしゴム）
　　　　　　47+29=76　（ノート）
　　　　　　95−76=19　　〔こたえ〕　19 円（えん）

7　〔しき〕　23+12=35　（ともきさん）
　　　　　　28+15=43　（まさとさん）
　　　　　　94−35−43=16　〔こたえ〕　16 人（にん）

解き方

1　120 までの数の系列や構成を考えさせます。

(1)　⑧大きい
　76 77 78 79 80 81 82 83 84

(2)　⑭小さい
　98 99 100 101 102 103 104 105 106 107 108 109 110 111 112

(3)　10 が 3 こで 30 ⇒ 56 〈30（10 が 3 こ）
　　　　　　　　　　　　　　26 は 1 が 26 こ

(4)　1 が 37 こで 37 ⇒ 77 〈40 は 10 が 4 こ
　　　　　　　　　　　　　　37（1 が 37 こ）

2　(1)　十の位は、いちばん大きい数の 8 が入り、
　　　一の位は、2 番目に大きい数の 6 が入ります。

　(2)　十の位は、0 以外のいちばん小さい数 2 が入り、
　　　一の位は、十の位に入らなかった 0 が入ります。

　(3)　一の位が 4 の数は、24, 64, 84 の 3 つだから、
　　　その中で 2 番目に小さい数は、64 になります。

　(4)　48　50　53　　　　60
　　　　　　5　　　　7

3　(1)〜(4)は、2 位数どうしの繰り上がりのあるた
　　し算を練習させます。計算のしかたは、繰り上が
　　りのないたし算と同様に、2 位数を十の位と一の
　　位に分けて、位ごとのたし算をします。

(3)　35+48=30+5+40+8　⇦　各位に分ける
　　　　　　=30+40+5+8　⇦　位ごとにたす
　　　　　　=70+13=83　　⇦　70 と 13 で 83

また、(5)〜(8)は、2 位数どうしの繰り下がりのあ
るひき算を練習させます。計算のしかたは、ひか
れる数を「何十と十いくつ」に、ひく数を「何十
といくつ」に分けて、（何十）−（何十）と
（十いくつ）−（いくつ）のひき算をします。

(7)　73−46=60+13−40−6　⇦　ひかれる数を
　　　　　　=60−40+13−6　　「何十と十いくつ」
　　　　　　=20+7=27　　　　　に分ける。

4　(2)　26+18+45=20+6+10+8+40+5
　　　　　　　　　=20+10+40+6+8+5
　　　　　　　　　=70+19=89

　(4)　98−29−47=80+18−20−9−40−7
　　　　　　　　　=80−20−40+18−9−7
　　　　　　　　　=20+2=22

　(5)　37+46−58=30+7+40+6−50−8
　　　　　　　　　=30+40−50+7+6−8
　　　　　　　　　=20+5=25

　(6)　73−37+49=60+13−30−7+40+9
　　　　　　　　　=60−30+40+13−7+9
　　　　　　　　　=70+15=85

5
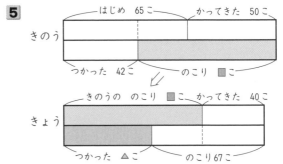

6
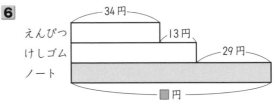

7
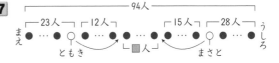

1 ながさ・かさ・ひろさ

▶標準クラス　p.116〜117

1 (1) (左から　じゅんに) 3, 1, 2
　　(2) (左から　じゅんに) 2, 3, 1

2 あと か, いと く, えと け, おと こ

3 (1) あ　　　　　　　(2) あ

4 えに ○, あに △

5 (1) あ　　　　　　　(2) い

解き方

1 任意単位(ブロックや方眼など)のいくつ分かで比べることをしっかりとつかませます。
(1) 左から5個, 7個, 6個なので, 長い順の番号は, それぞれ3, 1, 2番目になります。
(2) 左から12個, 11個, 13個なので, 長い順の番号は, それぞれ2, 3, 1番目になります。

2 あ〜このすべての数を正確に数えさせます。
それぞれの数は, あ…6個, い…11個, う…7個, え…9個, お…13個, か…6個, き…8個, く…11個, け…9個, こ…13個なので, 同じ長さになるのは, あとか, いとく, えとけ, おとこです。

3 「かさ」について, 高さや底の大きさから, ここでは, 単位を扱わずに大小を比較します。
(1) 底の大きさが同じなので, 高さで比べます。あのほうが高いから, 多く入っているのは, あです。
(2) 高さが同じなので, 底の大きさで比べます。あのほうが大きいから, 多く入っているのは, あになります。

4 長さ比べと同様に, かさ比べでも, ある単位のもの(コップ)のいくつ分かで比較できます。
それぞれの数は, あ…5杯, い…6杯, う…4杯, え…7杯なので, いちばん大きいのは, えです。
また, 3番目に大きいのは, あです。

5 「広さ」について, 単位を扱わずに大小を比較します。□の数のいくつ分かで比べることを理解させます。
(1) あは16個, いは15個なので, あが広い。
(2) あは9個, いは11個なので, いが広い。

▶ハイクラスA　p.118〜119

1 (1) え　　　　　　　(2) 2こぶん
　　(3) 4こぶん　　　　(4) 6こぶん

2 (1) い　　　　　　　(2) いと か, うと き
　　(3) いと う

3 (1) (左から　じゅんに) 3, 1, 2
　　(2) (左から　じゅんに) 2, 3, 1

4 (1) あ　　　　　　　(2) い

5 (1) 9こぶん　　　　(2) 7こぶん

解き方

1 それぞれの数は, あ…10個, い…11個, う…9個, え…15個, お…14個になります。
(1) えとおでは, 15と14だから, えが長い。
(2) いとうでは, 11と9だから, 11−9=2 (個)
(3) あとおでは, 10と14だから, 14−10=4 (個)
(4) いちばん長いのはえ, 短いのはうなので, 15と9だから, 15−9=6 (個)

2 □が5個のものがないことに注意させます。
(1) 4+2=6 (個)になるものを探します。
(2) □が8 (個)になるのは, 1+7 (個), 2+6 (個), 3+5 (個)ですが, 5 (個)はないので, いとか, うときになります。
(3) 3+4=7 (個)になる他のものは, 6+1 (個)です。

3 どこに目をつけたらよいか示してあげましょう。
(1) 5杯目のコップの中の水の量に注目させます。
(2) あとうを比べ, 次に, あといを比べるようにするとわかりやすいです。

4 任意単位の形が変わっても対応できる力を試します。(1)では, 長四角の数を数えさせます。
(2)では, 三角2つで, 長四角1つ分の広さになることに気づかせます。

5 任意単位の向きを変えてもよいことに気づかせて, 区切りの線を図の中にかき込ませましょう。
(1) 横向きにすることに気づけば, 9か所に分かれることはすぐにわかります。
(2) 2つ分を組み合わせると長四角ができることをヒントに与えると, わかりやすくなります。
任意単位の向きを変え, 外側の余った部分から処理していってもよいでしょう。

1 (1) ⓘ　　　　　　　(2) 4 こぶん
　　(3) 2 こぶん

2 (1) ⓤと ⓚ, ⓔと ⓖ　(2) ⓤと ⓔ, ⓚと ⓖ
　　(3) ⓘと ⓤ, ⓔと ⓖ

3 (左から じゅんに) 3, 1, 2, 5, 4
　　<ひだり>

4 (1) 白　　　　　　　(2) くろ
　　　　　　　　　　　　　　<しろ>

5 (1) ゆうき…10 こ　　まゆみ…12 こ
　　(2) 5 こ

解 き 方

1 ● の数ではなく, ●─● の数を数えることに注意
させます。それぞれの数は, ⓐ…8 個, ⓘ…11 個,
ⓤ…10 個, ⓔ…12 個, ⓖ…14 個になります。
　(1) ⓘとⓔでは, 11 と 12 だから, ⓘが短い。
　(2) ⓤとⓖでは, 10 と 14 だから, 14−10=4 (個)
　(3) 2 番目に長いのはⓔ, 4 番目に長いのはⓤ
　　　なので, 12 と 10 だから, 12−10=2 (個)

2 1 個のものがないことに注意させます。
　(1) 4+6=10 (個)になる他のものは, 8+2 (個),
　　　3+7 (個)
　(3) 違いは, 6−2=4 (個)なので, 他に 4 (個)に
　　　なるのは, 8−4 (個), 7−3 (個)

3 まず, ⓐとⓘとⓤで比較します。次に, ⓔとⓖ
で比較します。最後に, ⓐ, ⓘ, ⓤの中でいちば
ん少ないものと, ⓔ, ⓖの中で多いものとを比較
します。

4 三角 2 つで, 真四角 1 つ分の広さになることに
気づかせます。数が多いので, 数えまちがいをし
ないように, チェックマークを付けながら数えさ
せるようにします。
　(1) 白…13 個, 黒…11 個なので, 白が広い。
　(2) 白…11 個, 黒…13 個なので, 黒が広い。

5 文章題なので, 内容の読み違いに注意させます。
　(1) チェックマークを付けながら数えることを示
　　　すようにします。
　(2) まゆみさんが, 3 回勝ったので, 残り 3 か所
　　　を黒くぬらせて, もう一度数えさせます。
　　　または, たし算を使って, 12+3=15 より,
　　　15−10=5 (個)

1 (1) いちばん　ながい…ⓘ
　　　　いちばん　みじかい…ⓤ
　　(2) ⓖ

2 (1) えりなさん　　　　(2) 6 ぱいぶん

3 (左から じゅんに) 3, 1, 4, 2, 6, 5

4 (1) ⓐと ⓔ　　　　　(2) ⓔと ⓖ

5 6 こぶん

解 き 方

1 「辺」という用語は, 1 年生では未習なので,
「へり」という表現にしています。
　(1) ①+②が, いちばん長くなるので, ⓘです。
　　　②+③が, いちばん短くなるので, ⓤです。
　(2) ⓔは, ①+②+③, ⓖは, ①+①+③と表せ
　　　るので, ①+③は同じ長さになるから, ②と①
　　　を比べて, ⓖのほうが長いです。

2 1 人ずつ, 順番に, 何杯もっているか求めます。
　ちなつさん…7 (杯)
　のぼるさん…7−2=5 (杯)
　けいたさん…7+3=10 (杯)
　しずかさん…10+1=11 (杯)
　えりなさん…5−1=4 (杯)
　(2) いちばん多い人は 11 杯, 4 番目に多い人は
　　　5 杯。したがって, 11−5=6 (杯)

3 ⓐ<ⓘ, ⓤ<ⓔ, ⓐ<ⓚは明らかです。問題文
より, ⓐ<ⓔ, ⓚ<ⓤなので, 6 つの大小関係は,
ⓘ>ⓔ>ⓐ>ⓤ>ⓚ>ⓖになります。

4 ⓐ…3 個, ⓘ…5 個, ⓤ…7 個, ⓔ…9 個,
ⓖ…6 個になります。
　(1) 5+7=12 (個)になる他のものは, 3+9 (個)
　(2) 6−3=3 (個)になる他のものは, 9−6 (個)

5 ヒントのひごとねん土でつくった立体で考えさ
せます。見えない所にも □ の部分があることを認
識させます。入試でよく出る, 立方体の基本的な
性質なので, しっかり学習させましょう。
　〔別解〕さいころは, ⚀, ⚁, …, ⚅の目の 6 種類
あることと対応させて, □ が 6 か所あることを理
解させてもよいです。(空間図形でも広さを考え
ることがあることを同時に示せばなおよいです。)

2 いろいろな かたち

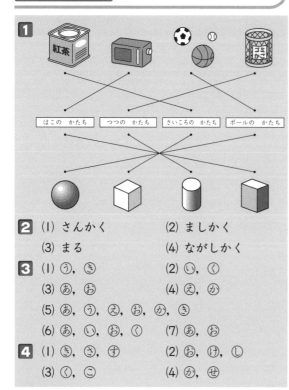

2 (1) さんかく　　(2) ましかく
(3) まる　　(4) ながしかく

3 (1) ⑦, ⑧　　(2) ⑥, ⑥
(3) ⓐ, ⓞ　　(4) ⓔ, ⓚ
(5) ⓐ, ⑦, ⓔ, ⓔ, ⓚ, ⑧
(6) ⓐ, ⓘ, ⓞ, ⓒ　　(7) ⓐ, ⓞ
4 (1) ⑧, ⑧, ⑨　　(2) ⓞ, ⓗ, ⓛ
(3) ⓛ, ⓒ　　(4) ⓚ, ⓢ

解き方

1 箱の形（直方体）とさいころの形（立方体）の区別をしっかりできるようにします。

> アドバイス　6か所すべてが真四角（正方形）でできているのが，さいころの形で，長四角（長方形）があるものは，すべて箱の形になります。

2 平面図形のこの4つの名称（真四角，長四角，三角，丸）は，必ず覚えさせてください。

3 球体は，積みにくく，転がりやすいことをボール等を使って，具体的に示し経験させてください。円柱体は，向きによって，積みやすくも，転がりやすくもなることを同様に示してください。

4 図形が斜めになっているものは，冊子の向きを変えさせて，図形を正面から見るようにさせます。

> 3, 4については，数が多いので，必ずチェックマークを付けて，書きもれのないようにさせてください。

1 (1) ましかく　　(2) まる
(3) ながしかく　　(4) さんかく
2 （左上から　じゅんに）
ⓔ, ⑦, ⓐ, ⓘ, ⓘ, ⓔ, ⑦, ⓔ
3 (1) ⑧　　(2) ⓐ
(3) ⓞ　　(4) ⓔ

4
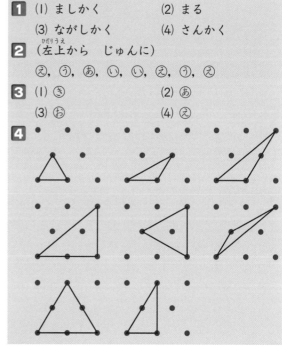

解き方

1 似た形の物と紙を使って，実際にかかせてみるのがいちばんよい方法です。

2 ⓐの形は，真四角の形しかかけません。ⓘは，真四角と長四角，⑦は，三角と長四角，ⓔは，3種類の長四角がそれぞれかけます。あとは，大きさをまちがえないようにします。

3 (1) 3本で長さが等しいから，⑧の正三角形。
(2) 3本で2本が等しいから，ⓐかⓘの二等辺三角形です。あとは，長さがどちらか考えます。
(3) 4本で3本の長さが等しい四角形を探すと，ⓞがあてはまります。
(4) 4本で2本ずつが等しいので，ⓔの四角形。

4 向きを変えると，ぴったり重なる図形は同一のものとすることを理解させてください。実際の中学入試では，この8つの形それぞれの同一形の個数を求めさせる問題等が出題されます。
〔例〕右の図のように，この形は2個あります。参考までに，上の8つの同一形（合同な三角形）は全部で，50個あります。

1 (1) さんかく　　(2) ましかく

　　(3) まる　　　　(4) ながしかく

　　(5) ましかく　　(6) ながしかく

2 (1) え　　　　(2) い

　　(3) う, え　　(4) あ, い

3 (1) え　　　　(2) こ

　　(3) い　　　　(4) お

4
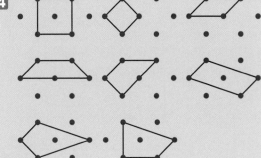

解き方

1 底に色を塗ってあげるとわかりやすくなります。真四角と長四角の区別をするようにさせます。

2 あ…真四角のみ, い…丸のみ, う…長四角のみ, え…三角と長四角です。

(1) 三角を含むのは, えのみです。

(2) 丸は, いのみです。

(3) 長四角を含むのは, うとえになります。

(4) うは, 3種類の長四角になるので, 同じ大きさの形しかうつしとれないものは, あといになります。

3 棒の本数が, 4本か5本で分けて考えます。

(1) 4本で, すべて長さが短く同じだから, え

(2) 5本で, 4本が短く, 1本が長いから, こ

(3) 4本で, 2本ずつ長短のものがあるから, い

(4) 5本で, 2本が長く, 3本が短いから, お

4 答えで示した8つ以外で, 右の図に示す凹四角形がありえますが, 範囲外とします。参考までに, 右の凹四角形を除く, 上の8つの同一形(合同な四角形)は全部で, 21個あります。

1 (1) あ, い, え　　　(2) い, え, お

　　(3) い, う, え, か　　(4) う

　　(5) ① え, お, か　　　② う

　　　　③ あ, い, う, え, お, か

2 (1) い, う, え　　　(2) あ, お

　　(3) う, お　　　　　(4) あ, い, え, か

3 (1) あ…6まい　い…10まい　う…14まい

　　(2) 4まい　　　　(3) 22まい

解き方

1 三角の形の積み木とつつの形の積み木はどちらも横から見ると真四角に見えることに注意します。

(1)〜(3) 向きをまちがえないように図中に示した方向をしっかり確かめさせます。

(4) 後ろから見ると真ん中に1本たての線が入るので, うが違います。

(5) ① かはおのように, 横にすれば通ります。

　　② う以外はすべてひっかかって通りません。

　　③ あは向きを変えれば通ります。他はすべてどの向きにしても通ります。

2 紙に平らなところがぴったりくっつかないと線が引けないことに注意します。

(4) 2つの積み木の平らなところが図の右側のところでつながっているから, かの形がかけます。

3 2つのさいころの形をくっつけると, くっつけたところの□2つ分が, 形の中に入ってしまうので, その分減ると考えることができます。

(1) あ；6枚　　い；6+6−2=10 (枚)

　　う；6+6+6−2−2=14 (枚)

(2) あといの違いは, 10−6=4 (枚)

　　いとうの違いも, 14−10=4 (枚)

この規則性に気づくことが重要です(中学入試の最頻出パターンです)。

(3) (2)がヒントになっているので, まず, 4つっつけた形を考えると, 14+4=18 (枚)

したがって, 5つくっつけた形は,

　18+4=22 (枚)

また, 次のようにしてもよいです。

　6+6+6+6+6−2−2−2−2=22 (枚)

3 いろいろな　かたちや　もようを　つくる

1 (1)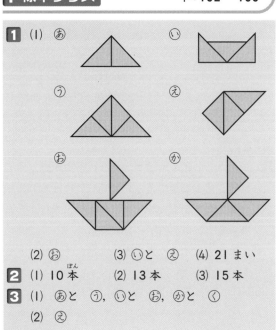

(2) ⓐ　　　(3) ⓘと　ⓔ　　　(4) 21まい

2 (1) 10本(ぽん)　(2) 13本　　(3) 15本

3 (1) ⓐと　ⓤ, ⓘと　ⓐ, ⓚと　ⓒ

(2) ⓔ

解き方

1 色板を使って実際にさせてみることが重要です。

(1) ⓤとⓔとⓐは，真四角（正方形）になるところ
の線の引き方が2通り（対角線が2本）あります
が，どちらでもよいです。

(2) それぞれの色板の枚数は，ⓐ…2枚，ⓘ…3
枚，ⓤ…4枚，ⓔ…3枚，ⓐ…5枚，ⓚ…4枚
なので，いちばん多いのは，ⓐです。

(3) 上より，3枚は，ⓘとⓔです。

(4) 上より，全部の枚数は，
2+3+4+3+5+4=21（枚）

2 数えまちがえないように，チェックマークを付
けさせてください。
(1)…10本，(2)…13本，(3)…15本

3 線の本数は，それぞれ，ⓐ…10本，ⓘ…11本，
ⓤ…10本，ⓔ…13本，ⓐ…11本，ⓚ…9本，
ⓢ…12本，ⓒ…9本になります。

(1) 上より，同じ本数でできているのは，ⓐとⓤ，
ⓘとⓐ，ⓚとⓒになります。

(2) 上より，いちばん多いのは，ⓔです。

1 (1) 11まい　　　　　　(2) 11まい

2 (1) ⓐ, ⓘ, ⓤ, ⓐ

(2) ⓐと　ⓤ, ⓘと　ⓐ, ⓔと　ⓚ

3 (1) 　　　　　(2)

(3) 　　　　　(4)

4

解き方

1 (1)　　　　　　　(2)

上の図より，(1)…11枚，(2)…11枚

2 ⓐとⓘとⓤとⓐが5枚，ⓔとⓚが4枚です。

(2) ⓐとⓘはひっくり返すと重なりますが，回転
しても重ならないことに注意させます。

3 数え棒などを使って，具体的に動かしてみるこ
とを必ずしましょう。

(1) 右の2本に〇をつけてもできます。

4 トレーシングペーパーを使って，ペンなどで写
して，重ねてチェックさせるとよいでしょう。

1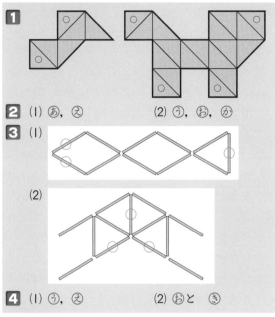

2 (1) あ, え (2) う, お, か

3 (1)

(2)

4 (1) う, え (2) おと き

1 (1) ① 5まい ② 8まい

(2) (4まい) (5まい)

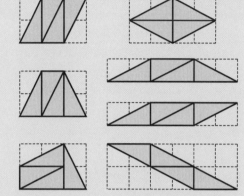

(3) (下に れいを しめします。)

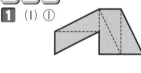

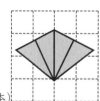

2 (1) 11本 (2) 16本

3 (1) え, お (2) き

解き方

1 ○が動いた先を下の図の○で示します。

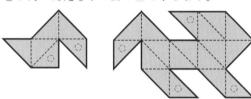

2 ⬚の中は, 長4, 短2本,

あ…短3本, ①…長3本, う…長4本,

え…長1, 短3本, お…長4, 短2本,

か…長4本, き…長3, 短1本でできています。

(1) 上より, あ, えがつくれません。

(2) 長3, 短3本になるので, 上より, う, お,

かがつくれません。

3 変わっていない所にマークを付けさせて見つけ

る方法(消去法)もあります。

4 (1) ●─● が4個つながっているところがあるの

が, あ, う, え, お, きで, ①, かは3個です。

さらに, この5個は, ひっくり返すと重なるもの

も含まれています。回転させると重なるものは,

冊子を回して見つけさせます。回すとあと重なる

ものは, うとえになります。あとお, あときは片

方の紙を裏返さないと, 回しても重ならないの

で, おときは答えではありません。

解き方

1 (1) ① ②

(2) どんな形の三角形でも, 同じ形4個で, 広さ

が4個分の三角形が必ず作れます(必ず相似な

三角形になります)。5枚は, 4枚の形から考え

るとよいでしょう。

(3) 上に示した7例以外にも,

右の図のような四角形もで

きます。これら以外のもの

もあります。

2 (1) 3+2+2+2+2=11 (本)

(2) 4+3+3+3+3=16 (本)

3 右の図のように, 全体か

ら切り取り分をひくと考え

るとわかりやすくなります。

⬚が6枚…①, う, か, く,

7枚…あ, え, お, 8枚…き

1 （左から　じゅんに）2, 3, 1, 4

2 (1) ⓘ　　　　　　(2) ⓐ

3 (1) ⓘ, ⓞ, ⓚ　　(2) ⓤ, ⓔ

4 (1) ⓐ, ⓞ, ⓚ, ⓢ
　　(2) ⓘ, ⓒ, ⓢ, ⓣ
　　(3) ⓤ, ⓚ, ⓢ, ⓢ
　　(4) ⓔ, ⓚ, ⓚ, ⓛ

5 (1) / (2) / (3)

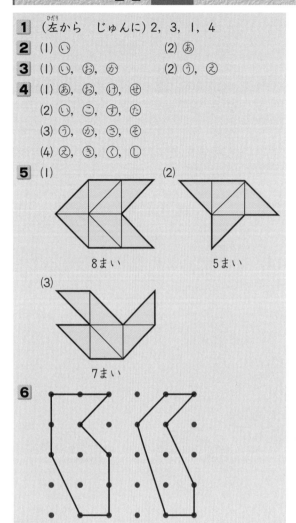

8まい

5まい

7まい

6

3 それぞれの図形の本数は，ⓐ…長い棒3本，ⓘ…長い棒4本，ⓤ…長い棒2本と短い棒2本，ⓔ…長い棒2本と短い棒1本，ⓞ…短い棒3本，ⓚ…長い棒1本と短い棒3本です。

(1) 長い棒3本と短い棒2本の中から，これらの形をつくることができないのは，上より，ⓘとⓞとⓚになります。

(2) 長い棒1本を取ると，長い棒2本と短い棒2本になります。これらから，形をつくることができるのは，上より，ⓤとⓔになります。

4 真四角と長四角を取りちがえないように注意し，記号を書き出すときに抜け落ちがないかチェックをしながら書かせるようにしてください。
また，斜めの図形は，冊子を回して形を確認させるようにします。

(1) 真四角は，4つのへりの長さがすべて同じで，本のページの紙の角のようにきっちりした形のもの（直角＝90°について未習なので）を探させます。

(2) 三角は，3つのへりがあるものであれば角は気にしなくてもよいです。

(4) 長四角は，4つのへりのうち，向かい合うものがそれぞれ同じ長さで，角は真四角と同一のものを探させます。

5 真四角のところの線は，2通りあるのでどちらでもよいです（対角線2本のうちどちらでもよいです）。線を引くときは，できるだけ定規を使わずにフリーハンドで行わせるようにしてください。

6 たてと横の線から考えさせたほうがわかりやすいです。一直線上に並んでいる点を認識させて位置のズレがないかを確認させます。形のトレースがしっかりできるかを試される問題です。うまくできないときは，図形の上に紙を置いて，ペンなどでかき写し，点列の上にのせて，形と点との対応をつけさせてあげると理解しやすくなります。トレースして重ねて考えるというこの方法は，他のケースでも使える方法なので覚えておくとよいでしょう。

解き方

1 いれものの高さが全部同じなので，くちの広さが広い順に入るかさが多くなります。丸の中に大きい方の真四角が入り，大きい真四角の半分が三角で，三角の中に小さい真四角が入ることから順番が決まります。

2 □いくつ分かをまちがえなく数え上げるようにします。必ずチェックマークを付けながら数えることに注意させます。

(1) ⓐが，□9こ分，ⓘが，□10こ分なので，広いのは，ⓘのほうになります。

(2) ⓐが，□9こ分，ⓘが，□8こ分なので，広いのは，ⓐのほうになります。

1 （左から　じゅんに）1, 5, 3, 4, 2

2 (1) ⑤と　②　　　　(2) ⑤と　②

3 (1) 16まい　　　　(2) 22まい

　　(3) 34まい

4 （下の　6つの　うち　4つを　こたえます。）

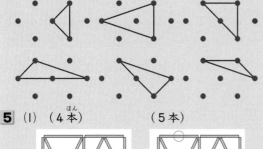

5 (1) （4本）　　　　　（5本）

　　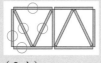

　　(2) （1本）　　　　　（3本）

6 (1) ⑤　　　　　　　(2) ⑤と　②

解き方

1 底が同じ⑤と⑤，⑥と②を比べると高さが半分なので，⑤＞⑤，②＞⑥になります。また，高さが同じ⑤と②と⑥，⑥と⑤を比べると形から考えて，⑤＞⑥＞②，⑤＞⑥になります。問題文中に，⑤＞②が与えられているので，5つの順番を1つにすると，⑤＞⑥＞⑤＞②＞⑥になります。

2 それぞれのかざりの数は，⑤…5個，⑥…6個，⑤…8個，②…11個です。この中から2つをつなげるので，2つの選び方を考えるとき，次のように規則的に数え上げます（樹形図）。

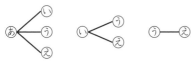

それぞれを，計算すると，

5 ⎧ 6 ⇨ ⑪
　⎨ 8 ⇨ ⑬　　6 ⎧ 8 ⇨ ⑭　　8—11 ⇨ ⑲
　⎩ 11 ⇨ ⑯　　　⎩ 11 ⇨ ⑰

(1) 左段下より，いちばん長いのは，⑲なので，⑤と②になります。

(2) 左段下より，3番目に長いのは，⑯なので，⑤と②になります。

3 入試によく出る規則性の問題です。

2つの箱をくっつけると，くっつけたところの□4つ分が，形の中に入ってしまうので，その分減ると考えることができます。

(1) ⑥の枚数は，10＋10−4＝16（枚）

(2) ⑤の枚数は，10＋10＋10−4−4＝22（枚）

(3) ⑤と⑥の違いは，16−10＝6（枚）
　　⑥と⑤の違いは，22−16＝6（枚）

したがって，箱が1つ増えるごとに，6枚増えるので，4つくっつけた箱の形は，

22＋6＝28（枚）

よって，5つくっつけた箱の形は，

28＋6＝34（枚）

また，次のようにしてもよいです。

10＋10＋10＋10＋10−4−4−4−4＝34（枚）

4 向きを変えると，ぴったり重なる図形は同一のもの（合同な三角形）とします。参考までに，答えに示した6つの形の同一形をすべて数えると32個あります。

5 同じ問題でも，条件により答えが異なる代表的なもので，入試では（　　）の中の本数を求めることも設問になるケースです。

(1) 5本の答えは，右側の図形5本を動かしてもできることに注意させます（こちらに○をつけてもよいです）。

6 右の図は，⑤の例ですが，全体から切り取り分をひくと考えるとわかりやすいです。┌┄┐を1枚と考えると，
　⑤…5枚，⑥…7枚，
　⑤…8枚，②…8枚
になります。

(1) 広さが2番目のものは，⑥になります。

(2) 広さが同じものは，⑤と②になります。

1 とけい，ひょうと　グラフ

▶標準クラス　　　p.144〜145

1 (1)（左から　じゅんに）12，9
　　(2)（左から　じゅんに）3，4，3

2 (1) 10じ　　　　　　(2) 11じはん
　　(3) 1じはん　　　　(4) 4じ

3 (1)

4 (1)

月	4月	5月	6月	7月	8月	9月	10月	11月	12月	1月	2月	3月
人ずう	3	5	4	2	3	2	1	5	2	3	4

	4月	5月	6月	7月	8月	9月	10月	11月	12月	1月	2月	3月
		○						○				
		○	○			○		○				○
	○	○	○		○	○		○		○		○
	○	○	○	○	○	○		○	○	○	○	○
	○	○	○	○	○	○	○	○	○	○	○	○

　　(2) 11月　　　　　　(3) 5月と　12月
　　(4) 8月と　2月　　　(5) 2人
　　(6) 3人　　　　　　(7) 38人

解き方

　長針が12を指しているときは「何時」，6を指しているときは「何時半」となって，短針が数字と数字の間を指していますが，12と1の場合を除き，小さい方の数字を「何時」と読ませます。

1 長針が12を指しているときは，「何時」，6を指しているときは，「何時半」となります。

2 まず，短針から考えるようにさせます。

3 最初はミスしやすいので，まず，足りない針が長針か短針かの確認から行い，次に，残りの針の位置を考えさせるとよいです。

4 調べた事柄を表やグラフにすると，数の比較が楽にできます。特に，グラフに表すと，数を容易に比べることができ，目で見てすぐ判断できます。したがって，(2)〜(6)については，表よりもグラフを見るほうが考えやすくなります。

▶▶ハイクラスA　　　p.146〜147

1 (1)（左から　じゅんに）1ぷん，5，10，45
　　(2)（左から　じゅんに）6，5，5，30

2 (1) 2じ40ぷん　　　(2) 11じ20ぷん
　　(3) 9じ25ふん　　　(4) 6じ55ふん

3 (1) (2) (3)

4 (1)

天気	日すう
はれ	17
くもり	8
雨	5

			○
			○
			○
	○		○
	○		○
	○		○
	○	○	○
○	○	○	○
○	○	○	○
○	○	○	○
○	○	○	○
○	○	○	○
まりな	ひろき	ななこ	ゆみえ

　　(2) はれ
　　(3) くもりが　3日
　　おおい。

5 (1) 右の　グラフ
　　(2) ゆみえ
　　(3) ななこ

解き方

　▶▶ハイクラスA では，5分毎の時刻のみを扱います。文字盤の数字1，2，…，12を長針がそれぞれ指すとき，時刻は，5分，10分，…，60分（0分）を表していることを認識させます。

1 (1) 5つとびの数になることを，図に示した時計を使って説明してください。
　　(2) 5時半と5時30分が同じ意味であることを覚えさせます。

2 まず，短針が間を指す2つの数字のうち小さいほうを「何時」と読ませ，次に長針が指している文字盤の数字から分を読ませます。

3 足りない針が長針のときは，分をそのまま文字盤の数に対応させてかかせます。短針のときは，最小目盛り1つが12分に対応することを教えてください。

4 表に表すと，数が容易にわかります。

5 (2) グラフを見ると，すぐに判断できます。
　　(3)「うらが出た回数がいちばん多い」ということは，「表が出た回数がいちばん少ない」ということなので，グラフから判断できます。

1 (1) 9じ17ふん　(2) 11じ41ぷん
(3) 12じ48ぷん　(4) 3じ54ぷん

2 (1)(2)(3)

3 (1) (上から)3じ，11じ
(2) (上から)10じ，8じ50ぷん
(3) (上から)5じ20ぷん，3じ50ぷん

4 (1) 10人　(2) 9人　(3) 14人

5 (1) えりか…26(てん)　　ふみや…34(てん)
(2) 32てん　　(3) ⚅

解き方

ハイクラスB では，1分単位まで扱います。文字盤の数字の間が5等分されていて，最小目盛りが1分となっていることを理解させます。

最初に短針で「時」を読み，次に長針で「分」を読みます。長針を読むときは，1分ずつ数えていくよりも，先に5分刻みで数えて後から半端な数を読むことで，速く読めるようになります。

1 時刻の読み方に慣れてきたら，短針からだいたいの時刻が読めるように指導していくと，早く答えが出せるようになります。

2 短針の位置は，厳密に決めるのは難しいので，おおよその位置であればよいことにしてください。(3)は，針が近いので，かくときに長針からかかせると，かきやすくなります。

3 1時間単位の問題なら1時間ずつ，10分単位の問題なら10分ずつ，針を動かして考えます。(1)は，1時間ずつ短針を動かして考えます。(3)は，5分ずつ長針を動かして考えます。

4 (1) 1回目が60点の人は，下の表の影を付けた所の人数の和になります。

1かい目＼2かい目	0てん	20てん	40てん	60てん	80てん	100てん
0てん		1				
20てん	1	1	3			
40てん		4	1	6		
60てん			2	5	3	
80てん			1	2	4	1
100てん				3	2	

(2) 2回目が80点の人は，下の表の影を付けた所の人数の和になります。

1かい目＼2かい目	0てん	20てん	40てん	60てん	80てん	100てん
0てん		1				
20てん	1	1	3			
40てん		4	1	6		
60てん			2	5	3	
80てん			1	2	4	1
100てん				3	2	

(3) 1回目より2回目のほうが点数の高い人は，下の表の影を付けた所の人数の和になります。

1かい目＼2かい目	0てん	20てん	40てん	60てん	80てん	100てん
0てん		1				
20てん	1	1	3			
40てん		4	1	6		
60てん			2	5	3	
80てん			1	2	4	1
100てん				3	2	

5 (1) 1回毎の得点をまとめると，下の表のようになります。この表から，それぞれの合計を計算し，えりかさんの点数26点，ふみやさんの点数34点を求めます。

かい／なまえ	1	2	3	4	5	6	7	8	9	10	てんすう
えりか	1	5	3	1	3	5	1	5	1	1	26
ふみや	5	1	3	5	3	1	5	1	5	5	34

(2) 7回目にえりかさんが⚅を出していたら，下の表の影を付けた所の点数だけが変わって，ふみやさんの点数は32点になります。

かい／なまえ	1	2	3	4	5	6	7	8	9	10	てんすう
えりか	1	5	3	1	3	5	3	5	1	1	28
ふみや	5	1	3	5	3	1	3	1	5	5	32

(3) (1)の表から，えりかさんはふみやさんに8点負けているので，10回目に他の目を出して2人の点数が同じになる可能性があるのは，ふみやさんの目が⚁だから，えりかさんの目が⚄か⚅のときになります。⚄のときは引き分けで，表を作って考えると同点になりません。⚅のときは，下の表のようになり，同点になることがわかります。

かい／なまえ	1	2	3	4	5	6	7	8	9	10	てんすう
えりか	1	5	3	1	3	5	1	5	1	5	30
ふみや	5	1	3	5	3	1	5	1	5	1	30

1 （左から　じゅんに）けんじさん，まさとさん，やすしさん，みゆきさん，ともみさん

2 (1) 7じ24ぷん　　(2) 2じかん20ぷん
(3) 8じ40ぷん

3 (1) 12人　(2) 14人　(3) 23人　(4) 17人

4 (1) まこと…54(てん)　　しんじ…48(てん)
さとし…42(てん)
(2) しんじさん
(3) まことさん…パー　　しんじさん…チョキ

解き方

1 5人のついた順番を数直線にかき込みながら考えるとわかりやすくなります。

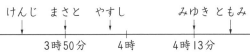

けんじ　まさと　やすし　　みゆき ともみ
　　　3時50分　　4時　　　4時13分

2 (1) 右の図のようになるので，正しい時刻は，7時24分となります。

(2) 9時半（9時30分）から12時20分までで，2時間50分あります。15分の休憩を2回とったので，その分をひいて2時間20分となります。

(3) はるなさんは，正しい時刻で7時55分に家を出て，35分後の8時30分に学校に着いたので，その10分後の8時40分が学校の始まる時刻です。

3 (1) 計算テストが5点より低い人は，得点が0，2，4点の人で，下の表の影を付けた所の人数の和になります。

けいさん＼かん字	0てん	2てん	4てん	6てん	8てん	10てん
0てん	1					
2てん	1	1				
4てん		2	3	4		
6てん			5	4	4	
8てん				6	3	1
10てん				1	2	2

(2) 計算テストと漢字テストの点数が同じ人は，右上の表の影を付けた所の人数の和になります。ちょうど表の対角線の所に並んでいるのが特徴になります。

けいさん＼かん字	0てん	2てん	4てん	6てん	8てん	10てん
0てん	1					
2てん	1	1				
4てん		2	3	4		
6てん			5	4	4	
8てん				6	3	1
10てん				1	2	2

(3) どちらも5点より高い人は，下の表の影を付けた所の人数の和になります。

けいさん＼かん字	0てん	2てん	4てん	6てん	8てん	10てん
0てん	1					
2てん	1	1				
4てん		2	3	4		
6てん			5	4	4	
8てん				6	3	1
10てん				1	2	2

(4) 計算テストのほうが漢字テストより点数が高い人は，下の表の影を付けた所の人数の和になります。

けいさん＼かん字	0てん	2てん	4てん	6てん	8てん	10てん
0てん	1					
2てん	1	1				
4てん		2	3	4		
6てん			5	4	4	
8てん				6	3	1
10てん				1	2	2

4 (1) それぞれの得点を下の表に示します。

なまえ＼かい	1	2	3	4	5	6	7	8	てんすう
まこと	8	4	6	8	10	6	4	8	54
しんじ	2	4	6	8	4	6	10	8	48
さとし	8	10	6	2	4	6	4	2	42

(2) 5回目を変えた表を下に示します。

なまえ＼かい	1	2	3	4	5	6	7	8	てんすう
まこと	8	4	6	8	2	6	4	8	46
しんじ	2	4	6	8	8	6	10	8	52
さとし	8	10	6	2	8	6	4	2	46

(3) 8回目を除く得点を下の表に示します。これより，しんじさんとさとしさんが同点なので，まことさん1人が負ける場合になります。

なまえ＼かい	1	2	3	4	5	6	7	8	てんすう
まこと	8	4	6	8	10	6	4		46
しんじ	2	4	6	8	4	6	10		40
さとし	8	10	6	2	4	6	4		40

1 (1) 8じ50ぷん　(2) 12じ35ふん
(3) 8じ22ふん　(4) 1じ19ふん

2 (1) 　(2) 　(3)

3 (上から) 1じはん，5じ

4 (1) 3じ30ぷん　(2) 1じかん30ぷん

5 (1) 右の　グラフ

(2) なおき

(3) たつや

				○
	○			○
	○		○	○
○	○		○	○
○	○	○	○	○
○	○	○	○	○
○	○	○	○	○
○	○	○	○	○
○	○	○	○	○
たつや	ゆきな	なおき	ももこ	けんた

6 (1) けんじ…65 (てん)
あやの…35 (てん)

(2) 25 てん

(3) 9かい目…パー
10かい目…パー

または，9かい目…チョキ　10かい目…グー

解き方

1 長針がちょうど数字の上のときは，5分，10分等になり，それ以外のときは，1目盛り1分まで読み取らせましょう。(2)は，12と1のうち小さいほうは1になりますが，この場合のみは，12のほうが時刻となります。初めのうちはまちがえやすいですから注意させてください。

2 短針の位置は，およその位置でかけていればよいことにしてください。一般には，長針からかかせるほうがかきやすく，特に，(3)などは，長針と短針がかなり近いので，長針からかかせるように指導してください。

3 長針が1周すると1時間進むから，1時間単位で考えさせます。まず，8時半から長針が1回まわると9時半，2回まわると10時半，…と考えていきます。5回まわると1時半になり，8回と半分まわると5時になります。

4 (1) おやつを食べ始めたのは，1時半から2時間後だから，3時30分になります。

(2) 勉強をし始めたのは，3時30分から30分後の4時で，終わったのは，5時半だから，勉強をした時間は，1時間30分になります。

5 玉入れの結果をグラフに表すと，数を容易に比べることができます。

(1) 表の○の数を正確にグラフに表します。

(2) ○の数がいちばん少ない人なので，グラフを見ると，すぐに判断できます。

(3) 「玉が入らなかった回数が2番目に多い」ということは，「玉が入った回数が2番目に少ない」ということなので，グラフから判断できます。

6 (1) 2人の得点は下の表のようになります。

なまえ＼かい	1	2	3	4	5	6	7	8	9	10	てんすう
けんじ	10	0	5	10	5	0	10	5	10	10	65
あやの	0	10	5	0	5	10	0	5	0	0	35

(2) 6回目と8回目にけんじさんがパーを出したとき（影を付けた所が変わる），2人の得点は下の表のようになります。

なまえ＼かい	1	2	3	4	5	6	7	8	9	10	てんすう
けんじ	10	0	5	10	5	5	10	10	10	10	75
あやの	0	10	5	0	5	5	0	0	0	0	25

(3) 9回目と10回目以外の2人の得点は下の表のようになります。これから，2人の得点の差は，けんじさんがあやのさんより10点多いことがわかります。9回目と10回目のどちらもけんじさんが負けると，2人の得点は同じになりません。1回あいこで，1回負けると同じになります。

なまえ＼かい	1	2	3	4	5	6	7	8	9	10	てんすう
けんじ	10	0	5	10	5	0	10	5			45
あやの	0	10	5	0	5	10	0	5			35

アドバイス　2人の点数の和を考えると，勝負がつくとき，10＋0＝10(点)，あいこのとき，5＋5＝10(点) となるので，じゃんけん10回の合計は，10×10＝100(点) となります。
(3)では，2人の点数が同じになるときを考えるので，100÷2＝50(点) になればよく，けんじさんの点数で考えると，50−45＝5(点) をあと2回で得るには，0＋5＝5 か，5＋0 で得点が50点(同点)になることがわかります。この考え方は，未習事項も多いので，お子様の状況により，ご説明，ご利用下さい。

① □の　ある　しき

１ (1) ① （左から　じゅんに）8，12，12，8
　　　　② （左から　じゅんに）12，8，12，8
　　(2) 4まい

２ 〔しき〕（左から　じゅんに）7，16，16，7
　　　　　　　　　　〔こたえ〕　9本

３ 〔しき〕（左から　じゅんに）17，7，17，7
　　　　　　　　　　〔こたえ〕　10こ

４ 〔しき〕（左から　じゅんに）5，13，13，5
　　　　　　　　　　〔こたえ〕　8こ

５ 〔しき〕（左から　じゅんに）6，14，14，6
　　　　　　　　または　6，14，6，14
　　　　　　　　　　〔こたえ〕　20こ

６ (1) 3　　(2) 4　　(3) 16　　(4) 13
　　(5) 9　　(6) 8　　(7) 6　　(8) 12

７ (1) 5　　(2) 7　　(3) 2　　(4) 7
　　(5) 20　(6) 35　　(7) 49　　(8) 66

解き方

１ 線分図から立式できるのは3つありますが，そのうちの2つ（①と②）は，★＝…の形に変形すれば，どちらも同一の式となります。文字を用いた式や移項が未習なので，最初は図で考えて慣れさせるようにします。

２ **１** の(1)①と同一パターンの問題。線分図は右の図のようになります。

３ **１** の(1)②と同一パターンの問題。線分図は右の図のようになります。

６ □を求める式を下に示します。
　(3) □＝27−11　　(4) □＝28−15
　(5) □＝17−8　　(6) □＝14−6
　(7) □＝20−14　　(8) □＝30−18

７ (3) □＝16−14　　(4) □＝17−10
　(5) □＝8＋12　　(6) □＝20＋15
　(7) □＝19＋30　　(8) □＝26＋40

１ 〔しき〕（左から　じゅんに）19，36，36，19
　　　　〔こたえ〕　17（ページ）

２ 〔しき〕★＋24＝51 ⇨ ★＝51−24
　　　　　　　　〔こたえ〕　27（こ）

３ 〔しき〕★−25＝28 ⇨ ★＝28＋25
　　　　　または　★＝25＋28
　　　　　　　　〔こたえ〕　53（まい）

４ 〔しき〕★−4−3＝6 ⇨ ★＝6＋4＋3
　　　　　　　　〔こたえ〕　13（こ）

５ 〔しき〕（左から　じゅんに）14，12，14，
　　32，32，14　　〔こたえ〕　18（こ）

６ 〔しき〕29＋★＝38＋43，29＋★＝81，
　　★＝81−29，★＝52
　　　　　　　　〔こたえ〕　52（こ）

７ (1) 26　　(2) 29　　(3) 33　　(4) 49
　　(5) 16　　(6) 26　　(7) 59　　(8) 44
　　(9) 29　　(10) 91

解き方

１ 線分図は右の図のようになります。

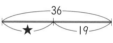

２ 線分図は右の図のようになります。

４ 線分図は，以下のようになります。これより★を用いた式を考えさせます。

６ 右の図のようになります。
〔別解〕★−43＝38−29，
　★−43＝9，★＝9＋43，★＝52

７ (3) 28＋41＝69　　□＝69−36
　(4) 58＋34＝92　　□＝92−43
　(5) 80−54＝26　　□＝42−26
　(6) 92−29＝63　　□＝63−37
　(7) 50−13＝37　　□＝37＋22
　(8) 71−54＝17　　□＝17＋27
　(9) 93−26＝67　　□＝67−38
　(10) 28＋39＝67　　□＝67＋24

1 (1) 11　　　(2) 15　　　(3) 29
　　(4) 13　　　(5) 24　　　(6) 27
　　(7) 4　　　(8) 14　　　(9) 29

2 (1) 〔しき〕　24+37−□=18+29，
　　　　　　24+37=61，18+29=47
　　　　　　⇨ 61−□=47，□=61−47
　　　　　　□=14　　〔こたえ〕14こ
　　(2) 〔しき〕　□+22+19=73−16，
　　　　　　22+19=41，73−16=57
　　　　　　⇨ □+41=57，□=57−41
　　　　　　□=16　　〔こたえ〕16こ

3

4

5
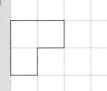

解き方

1 □を求める式を下に示します。

(1) 16+4=20，13+18=31
　　20+□=31，□=31−20，□=11

(2) 21+32=53，45+23=68
　　53+□=68，□=68−53，□=15

(3) 39+47=86，24+33=57
　　86−□=57，□=86−57，□=29

(4) 48+36=84，25+46=71
　　84−□=71，□=84−71，□=13

(5) 26+17=43，85−18=67
　　□+43=67，□=67−43，□=24

(6) 14+31=45，91−19=72
　　□+45=72，□=72−45，□=27

(7) 72−47=25，59−38=21
　　25−□=21，□=25−21，□=4

(8) 88−31=57，97−54=43
　　57−□=43，□=57−43，□=14

(9) 76−67+58=67，15+26+37+18=96
　　□+67=96，□=96−67，□=29

2 (1) 線分図は右の図の
ようになります。
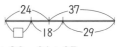
〔別解〕〔しき〕　□+18+29=24+37，
18+29=47，24+37=61
⇨ □+47=61，□=61−47，□=14
　　　　　　　　〔こたえ〕14こ

(2) 線分図は右の図のよ
うになります。

〔別解〕〔しき〕　□+22+19+16=73，
22+19=41，41+16=57
⇨ □+57=73，□=73−57，□=16
　　　　　　　　〔こたえ〕16こ

3 対応するぼうに，×印などを付けて消し込んで
考えるとわかりやすいでしょう。下の図のように
なり，青い影をつけたぼうが残った形になります。
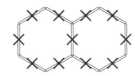

4 右と左にある同じ形どうしを×印などをつけて
消し込むと，下の図のようになり，青い影をつけ
た形が残ったものになります。
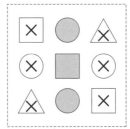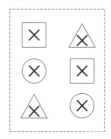

5 対応する位置をまちがえないようにしなが
ら，×印などをつけて消し込むと，下の図のよう
になり，青い影をつけたものが，残ったひろさと
かたちを表しています。
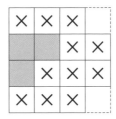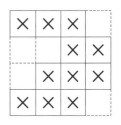

2　いろいろな　ばあいを　かんがえよう

▶標準クラス　p.160〜161

1 (1) 2とおり　　　(2) 2とおり
　　(3) 2とおり　　　(4) 6とおり

2 6とおり

3 6とおり

4 (1) 6とおり　　　(2) 24とおり

5 3とおり

6 (1) 2と　5，3と　4　　(2) 2つ
　　(3) 3つ　　　　　　(4) 3つ

解き方

1 (1) （赤ー青ー白）（赤ー白ー青）の2通り。
　(2) （青ー赤ー白）（青ー白ー赤）の2通り。
　(3) （白ー赤ー青）（白ー青ー赤）の2通り。
　(4) 2＋2＋2＝6（通り）

2 （やすしーみなーのぼる）（やすしーのぼるーみな）
　（みなーやすしーのぼる）（みなーのぼるーやすし）
　（のぼるーやすしーみな）（のぼるーみなーやすし）
　の6通り。

3 〔上から順に〕（緑ー黄色ー赤）（緑ー赤ー黄色）
　（黄色ー緑ー赤）（黄色ー赤ー緑）（赤ー緑ー黄色）
　（赤ー黄色ー緑）の6通り。

4 (1) （きょうこーたくやーふみーしょうた）（き
　ょうこーたくやーしょうたーふみ）（きょうこー
　ふみーたくやーしょうた）（きょうこーふみーし
　ょうたーたくや）（きょうこーしょうたーたくや
　ーふみ）（きょうこーしょうたーふみーたくや）
　の6通り。
　(2) たくやさん，ふみさん，しょうたさんが1番
　目の場合もそれぞれ6通りあるので，
　6＋6＋6＋6＝24（通り）

5 （赤ー青），（赤ー白），（青ー白）の3試合。

6 (1) □＋□＝7 として，□にあてはまる数を考
　えます。
　(2) （1と4），（2と3）の2つ。
　(3) （1と6），（2と5），（3と4）の3つ。
　(4) （1と7），（2と6），（3と5）の3つ。

▶▶ハイクラス　p.162〜163

1 6とおり

2 6とおり

3 (1) ① ② ③

　　(2) 6じ40ぷん，7じ30ぷん（7じはん）

4 (1) ① 3とおり　　　② 4とおり
　　(2) ① 5とおり　　　② 3とおり
　　　　③ 6とおり　　　④ 8とおり

5 (1) 2とおり　　　(2) 5とおり

解き方

1 道に番号をつけて考えます。
　（①ー②ー⑤ー⑩）（①ー④ー
　⑦ー⑩）（①ー④ー⑨ー⑫）（③
　ー⑥ー⑦ー⑩）（③ー⑥ー⑨ー
　⑫）（③ー⑧ー⑪ー⑫）の6通り。

2 4つのチームを⑦，①，⑦，②とすると，
　（⑦ー①），（⑦ー⑦），（⑦ー②），（①ー⑦），（①ー②），
　（⑦ー②）の6試合。

3 (1) ① ⊡ ⇨ 10分，⋰＋⋱ ⇨ 7時，7時10分
　同様に，②は5時30分，③は4時40分
　(2) ⋰ ⇨ 30分，⋰＋⋱ ⇨ 7時，7時30分
　⋱ ⇨ 40分，⋰＋⋰ ⇨ 6時，6時40分

4 (1) ① 小さいカードが④なので，大きいカー
　ドは，⑤，⑥，⑦のどれかです。
　② 大きいカードが⑤なので，小さいカードは，
　①，②，③，④のどれかです。
　(2) ① （①，②，③），（②，③，④），（③，④，⑤），
　（④，⑤，⑥），（⑤，⑥，⑦）の5通り。
　③ のこり2枚は，①，②，③，④なので，
　（①，②），（①，③），（①，④），（②，③），
　（②，④），（③，④）の6通り。
　④ 小さいカードが①のとき，大きいカードは
　④，⑤，⑥，⑦の4種類あります。
　小さいカードが②のときも同様で4種類。
　したがって，求める答えは，4＋4＝8（通り）

5 (1) （10円玉2こと1円玉3こ），（10円玉1
　こと5円玉2こと1円玉3こ）の2通り。
　(2) 4円，9円，14円，19円，24円の5通り。

>>> トップクラス　p.164〜165

1 (1) 6とおり　　　　(2) 9とおり
2 (1) （1と2と6）（1と3と5）（1と4と4）
　　　　（2と2と5）（2と3と4）（3と3と3）
　　(2) 5とおり　　　　(3) 4とおり
3 (1) ① 3とおり　② 6とおり　③ 6とおり
　　(2) 7とおり
4 10とおり

解き方

1 2人の組の組み合わせが決まれば，3人の組の組み合わせは自動的に決まります。

(1) 2人の組の組み合わせは，男の子が1人入る組み合わせで，（しんや，かな），（しんや，りか），（しんや，ゆみ），（りょう，かな），（りょう，りか），（りょう，ゆみ）の6通り。

(2) 2人の組の組み合わせは，女の子が1人または2人入る組み合わせで，（かな，しんや），（かな，りょう），（かな，りか），（かな，ゆみ），（りか，しんや），（りか，りょう），（りか，ゆみ），（ゆみ，しんや），（ゆみ，りょう）の9通り。

2 (1) さいころの目で一番大きい数は6ですから，はじめに1つの目が6のときから考えるとわかりやすい場合が多いです。のこり2つの目の和は，9−6＝3 になるので，1＋2 だけになります。したがって，（1, 2, 6）

次に1つの目が5のときを考えます。このとき注意するのは，のこりの2つの目の出方に6を考えないことです。（上で考え済みなので）のこり2つの目の和は，9−5＝4 になるので，1＋3 と 2＋2 の2つがあります。
したがって，（1, 3, 5），（2, 2, 5）
以下同様にして，（1, 4, 4），（2, 3, 4），（3, 3, 3）があてはまります。

(2) (1)と同様にして，1つの目が6のとき，のこり2つの目の和は，8−6＝2 になるので，1＋1 だけになります。したがって，（1, 1, 6）

次に1つの目が5のとき，のこり2つの目の和は，8−5＝3 になるので，1＋2 だけになります。したがって，（1, 2, 5）以下同様にして，（1, 3, 4），（2, 2, 4），（2, 3, 3）があ

てはまり，全部で5通りあることがわかります。

(3) 3この目の和が一番大きくなるのは18なので，和が，16, 17, 18 の3つのときをそれぞれ考えます。はじめに和が16になるのは，（4, 6, 6），（5, 5, 6）の2通り。次に和が17になるのは，（5, 6, 6）の1通り。最後に和が18になるのは，（6, 6, 6）の1通りで，全部で4通りです。

3 (1) ① まさるさんは，①，②，③のうちの2枚になるので，（①, ②），（①, ③），（②, ③）の3通り。

② まさるさんは，①〜④のうちの2枚になるので，（①, ②），（①, ③），（①, ④），（②, ③），（②, ④），（③, ④）の6通り。

③ つよしさんが，（⑤, ⑥）のとき，まさるさんのとりかたは，②より6通り。

つよしさんが，（④, ⑥）のとき，まさるさんのとりかたは，①より3通り。

つよしさんが，（③, ⑥）のとき，まさるさんのとりかたは，（①, ②）の1通り。

このときのまさるさんのとり方を，重複に注意してまとめると，

（①, ②），（①, ③），（①, ④），（②, ③），（②, ④），（③, ④）の全部で6通り。

(2) まさるさんが，⑥か⑤をとるときだから，（⑥, ⑤），（⑥, ③），（⑥, ②），（⑥, ①），（⑤, ③），（⑤, ②），（⑤, ①）の7通り。

4 道に番号をつけて考えます。（下の図）

㋐ ①−②を通るとき，そのあとの行き方は，（③−⑦−⑭），（⑥−⑩−⑭），（⑥−⑬−⑰）の3通り。

㋑ ①−⑤を通るとき，そのあとの行き方は，（⑨−⑩−⑭），（⑨−⑬−⑰），（⑫−⑯−⑰）の3通り。

㋒ ④−⑧を通るとき，そのあとの行き方は，（⑨−⑩−⑭），（⑨−⑬−⑰），（⑫−⑯−⑰）の3通り。

㋓ ④−⑪を通るとき，そのあとの行き方は，（⑮−⑯−⑰）の1通り。全部で，
3＋3＋3＋1＝10(通り)

さちこさんのいえ / 学校

③ どんな　かたちかな

▶標準クラス　　p.166〜167

1 (1) ⑤, ②, ⑥　　　　(2) ①
(3) ⓐ, ②　　(4) ⑥　　　　(5) ⓚ

2 (1) 9こ　　(2) 4こ　　(3) 28こ
(4) 3こ　　(5) 18こ
(6) ① ① 3かい　ⓐ 1かい
② ⑤ 3かい　ⓐ 3かい

解き方

1 数えまちがいがないように注意させます。
(1) □と○の数を整理
すると，右の表のよ
うになります。

	ⓐ	①	⑤	②	⑥	ⓚ
□	6	6	5	5	4	6
○	5	4	7	6	5	5

(2) 全部で16個ずつあるので，○がいちばん少
ないものをさがすほうが簡単です。
(3) □と□がとなりあっている数は，ⓐ2, ①1,
⑤0, ②2, ⑥1, ⓚ1 です。
(4) 同形がとなりあっている数は，ⓐ3, ①3,
⑤2, ②4, ⑥5, ⓚ1 です。
(5) □，△，○の順に並んでいる数は，ⓐ2,
①1, ⑤2, ②1, ⑥2, ⓚ4 です。

2 7段目まで積むと，
右のようになります。
(1) 4+5=9（個）
(2) 7−3=4（個）
(3) 1+2+3+4+5
+6+7=28（個）
(4),(5) 見えな
い積み木は，
●印をつけた
ところです。

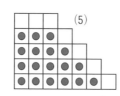

(6) ① ②の形の入れ物には10個分入るので，
3+3+3=9 だから，①が3回と残りⓐが1
回になります。
② 6段の形の入れ物は，1+2+3+4+5+6=21
より，21個分入り，6+6+6=18 だから 21−18
=3 より，⑤を3回，ⓐを3回使います。

---

1 (1)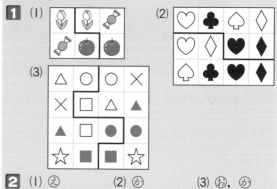
(3)

2 (1) ②　　(2) ⓚ　　(3) ⓐ, ⓚ

3 ①

4 (1) 35こ　　　　(2) 10こ
(3) ① 9こ　　② 8こ　　(4) 6こ

解き方

1 同じ絵や図が2つ並んでいる所に注目させます。

2 (1) あてはまるグループは，①, ⑤, ②。
(2) あてはまる数は，順に，6, 5, 5, 6, 5, 4。
(3) いちばん多いのは，ⓐ, ①, ⑤…すべて同数，
②…■，ⓐ…○，ⓚ…△。②は青が入っている
ので，あてはまるのは，ⓐとⓚ。

3 積み木の色は，右の図の
ようになります。見えない
1つは黄色です。

青　白
赤　赤
青　白
黄色

4 (1) 各段の積み木の数は，
1段目…1，2段目…3，
3段目…6，4段目…10,
5段目…15 なので，
1+3+6+10+15=35（個）
(2) かくれて見えない積み木
の形は，⑤と同じになります。

(3)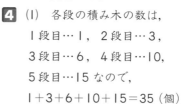

(3) 前から見えるものは，右
の図の△印。上から見える
ものは，右の図の○印。
① △=9個より，
20−2−9=9（個）
② ○=10個より，
20−2−10=8（個）

(4)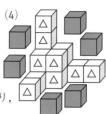

(4) 右の図から，△=8個より，
20−6−8=6（個）

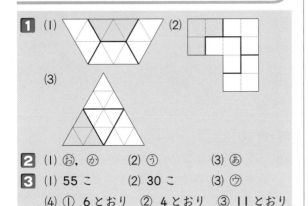

1 (1) (2)
(3)

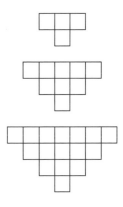

2 (1) お, か (2) う (3) あ

3 (1) 55 こ (2) 30 こ (3) ⑦
(4) ① 6とおり ② 4とおり ③ 11とおり

解き方

1 色のついている形をヒントに考えます。

〔参考〕 (1), (2) 同じ形の図形の 12 個を 4 つに
分けるので, 3＋3＋3＋3＝12 より 3 個で 1 つ
の図形を表すことになります。

(3) 4＋4＋4＋4＝16 より 4 個で 1 つの図形を
表すことになります。

2 (1) おは中と外に□2 個, △2 個ずつになり,
かは中と外に□2 個, ○2 個ずつになります。
(下表参照) 他はあてはまりません。

(2) うは中と外のちがいが□1 個, ○1 個, △1
個となり全部が同じになります。(下表参照)
他はあてはまりません。

(3) 大きい形と外の小さい形がちがうものは, あ,
お, かの 3 つで, それぞれの△と□の数の和は,
あ…9 個, お…8 個, か…8 個になります。
(下表参照) したがって, いちばん多いものは
あになります。

〔注意〕 大きい□と△の数もあわせた数の中に
入れ忘れないように注意しましょう。

場所	中			外			大きい		
形	□	○	△	□	○	△	□	○	△
あ	3	3	3		2	2	1		
い	4	2	3	1	2	1			1
う	2	3	2	1	2	1			1
え	3	3	3	2		2	1		
お	2	3	2	2		2		1	
か	2	2	3	2	2				1

3 右の図より 1〜4 段目
の積み木の数はそれぞれ
1 段目…1 個
2 段目…1＋3＝4 (個)
3 段目…4＋5＝9 (個)
4 段目…9＋7＝16 (個)

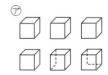

(1) 5 段目は, 同様に
16＋9＝25 (個) に
なるから, 全部で,
1＋4＋9＋16＋25＝55
55 個になります。

(2) 5 段目まで積んだものを上から見て, 見えな
い部分は, 4 段目まで積んだ形と同じであるこ
とに気づかせます。1＋4＋9＋16＝30 (個)

(3) ⑦は, 左から見た場合です。

(4) ① 図⑦より, 6 通り。(後ろ側を通るものが
あるのに注意します。)

② 図①, ⑦より, 2＋2＝4 (通り)

③ きから問題の図の左か下に結んでいき, ⑦
にたどり着くようにします。

図⑦で, けまでは①と②の 2 通りの結び方
があります。けから⑦ま
では, 図⑦ (見やすくす
るために左側から見た図
にしてあります。) より,
2＋2＝4 (通り)
また, 図かより, 3 通
りあります。したがって,
まとめると, ①一⑦で 4
通り, ②一⑦で 4 通り,
かで 3 通りになりますか
ら, 全部あわせると,
4＋4＋3＝11 (通り)

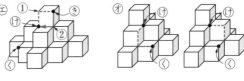

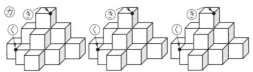

4 ひょうを　つかって　かんがえよう

▶標準クラス　　p.172〜173

1 (1) 4かい　　(2) 4かい　　(3) 6かい
　　(4) 8かい　　(5) 7かい

2 (1) ⓘとⓞ　　(2) ⓤとⓞ　　(3) ⓐとⓞ
　　(4) 3くみ　　(5) 2くみ

解き方

1 (1) 4か所が入れ替わっています。(下図ⓐ)
(2) 3−4−2 の入れ替えは、2↔3、2↔4 の2回、6−7−9 の入れ替えは、9↔6、7↔9 の2回。したがって、計4回。(下図ⓘ)
(3) 2−8 の入れ替えは、2↔1、2↔8、8↔1 の3回。5−9 も同様。計6回。(下図ⓤ)
(4) 8↔9、9↔7、9↔6、…、9↔1 の8回。
(5) 左と中の列は(2)と、右の列は(3)と同一パターン。したがって、2+2+3=7 (回) (下図ⓞ)

2 組み合わせは、下のように 10 通りあります。

　○と△で□　○と○で△
　△と□で○　△と□で△
　□と○で△　□と□で□

---

1 (1) あやかさん　　(2) ひできさん
　　(3) 4人　　(4) 女の子の　チーム
　　(5) 5かい

2 (1) ⓐとⓤ　　(2) ⓐとⓘ　　(3) ⓘとⓤ
　　(4) ⓘとⓔ　　(5) ⓤとⓔ

解き方

1 (1) 下の表に示すように、女の子の勝ち数は、全ゲーム数20から、負け数をひけば求められ、表より、勝ち数が一番多いのはあやかさんです。
(2) 勝ち数が一番少ないのはひできさんです。
(3) 1勝4敗の試合があるのは、男の子では、じゅんさん、さとるさん、かつやさんの3人、女の子では、あやかさんの1人、合計4人になります。
(4) 男の子のチームは38勝、女の子のチームは42勝なので、女の子のチームのほうが勝った回数が多いです。
(5) じゅんさんがあと2回多く勝っていたら、男

男\女	じゅん	さとる	かつや	ひでき	女子の負け数	ゲームの全数−女子の負け数	女子の勝ち数
あやか	3	1	4	0	8	20−8	12
ゆきな	2	5	1	3	11	20−11	9
ももえ	3	2	2	3	10	20−10	10
さおり	1	3	3	2	9	20−9	11
男子の勝ち数	9	11	10	8	38	合計 男⇦ ⇨女	42

の子のチームは 38+2=40 (勝)。女の子のチームは 42−2=40 (勝) で勝った回数が同じになります。したがって、じゅんさんは 3+2=5 (回) 勝てばよいことになります。

2 組み合わせは6通りあります。

---

1 (1) 2とおり　　　　(2) 6とおり

(3) たくやさんと　のりかさん，
まさるさんと　さとみさん，
さとしさんと　かおりさん，
けんじさんと　はるなさん

(4) たくやさんと　さとみさん，
まさるさんと　のりかさん，
さとしさんと　はるなさん，
けんじさんと　かおりさん

(5) たくやさんと　はるなさん，
まさるさんと　のりかさん，
さとしさんと　かおりさん，
けんじさんと　さとみさん

2 (1) 10を　1に　なおす

(2) 12を　13に　なおす

(3) 9を　1に　なおす　と
1を　0に　なおす

(4) 9と　8　　　(5) 6と　10

解き方

1 (1) 1回もゲームをしていないのは，たくやさんとかおりさん，さとしさんとはるなさんになります。のこりの2人ずつの組み合わせは，2通りになります。

(2) けんじさんとはるなさんの8回が一番多く，このペア以外の3人と3人の組み合わせは，たくやさんに対して3人のだれか，まさるさんに対してのこりの2人のだれかになります。
2+2+2=6 より，6通りになります。

男＼女	たくや	まさる	さとし	けんじ
のりか	5	2	5	3
はるな	2	4	0	8
さとみ	1	6	3	7
かおり	0	4	7	1

(3) 右の表の影をつけた4か所を選びます。（残りの青は重複するので選べません。）

男＼女	たくや	まさる	さとし	けんじ
のりか	5	2	5	3
はるな	2	4	0	8
さとみ	1	6	3	7
かおり	0	4	7	1

(4) 右の表の影をつけた4か所を選びます。（残りの青は重複するので選べません。）

男＼女	たくや	まさる	さとし	けんじ
のりか	5	2	5	3
はるな	2	4	0	8
さとみ	1	6	3	7
かおり	0	4	7	1

(5) 右の表の色をつけた4か所を選べば，それぞれのペアが2回と7回の同じ対戦数になります。（他の 5−5，4−4，3−3，1−1，0−0 はどれももう1組ができません。）

男＼女	たくや	まさる	さとし	けんじ
のりか	5	2	5	3
はるな	2	4	0	8
さとみ	1	6	3	7
かおり	0	4	7	1

2 いわゆる「魔方陣（まほうじん）」の問題です。（中学入試には頻出の問題です。）

(1) ㋐で影をつけた所以外の和は全て15です。3つの数をたすとどこでも15になるようにするには，影が交差している10を15−9−5=1にすればよいことがわかります。（このように交差する1点を見つけるのがポイントです。）

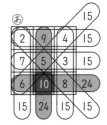

(2) ㋑で影をつけた所以外の和は全て39です。影が交差している12を39−38=1増やして，12+1=13にすればよいことがわかります。

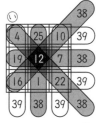

(3) 影をつけた所で1点で交差しているのは9です。また青色で交差しているのは1ですから，9を1にかえ，1を0にかえれば，和が全て12になります。

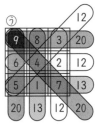

(4) 和が22で交差しているのは9で，9を含んだたての和の21をかえないようにもう1つの和の20と交差する8が9と入れかわれば，和が全て21になります。

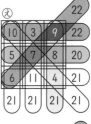

(5) 和が22で交差しているのは10で，10を含んだたての和の18をかえないようにもう1つの和の14と交差する6が10と入れかわれば，和が全て18になります。

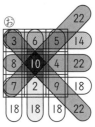

1 (1) ① 8　　　② 6　　　③ 69

　　　④ 24　　　⑤ 95　　　⑥ 54

　　　⑦ 40　　　⑧ 5

(2) ① 49　　　② 8

2 (1) 〔しき〕　4＋3＝7，7＋1＝8

　　　　　　　　　　　　　〔こたえ〕　8まい

(2) 〔しき〕　17－6＝11，11－5＝6

　　　　　　　　　　　　　〔こたえ〕　6人

(3) 〔しき〕　87－11＝76，76－41＝35

　　　　　　　　　　　　　〔こたえ〕　35人

3 (1) ① さんかく　　　② 9こ

　　　③ ましかく

(2) ①　　　　②　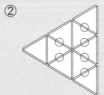

4 (1) ① 6じ40ぷん　　② 4じ15ふん

　　　③ 8じ48ぷん

(2) （すすむ　じゅんに）②，①，③

(3) ①　②　

(4) ① 10人　　　② 7人

　　　③ 8人　　　④ 4人

5 (1) ① 4とおり　　　② 6とおり

　　　③ 6とおり

(2) ① ⓘ…12こ　ⓤ…17こ　ⓔ…12こ

　　　ⓞ…13こ　ⓚ…16こ

　　　② ⓤと　ⓚ

1 (1) くり上がり，くり下がりの計算はミスしや
　すいので注意します。

(2) 逆算の式を下に示します。

　　　① □＝88－39　　② □＝46－38

2 (1) あげた枚数…4＋3＝7（枚）

　　　色紙の枚数…7＋1＝8（枚）

(2) 後ろにいる人数…17－6＝11（人）

　　　移動後の後ろにいる人数…11－5＝6（人）

(3) 配った数…87－11＝76（個）

　　　男の子の人数…76－41＝35（人）

3 (1) ⓐ…真四角→7個，ⓑ…三角→8個，ⓒ…
　長四角→9個，ⓓ…丸→6個になります。

　　　③ 順番に並べると，9，8，7，6なので，3番
　目は7個で，ⓐとなります。

(2) ① 動かすのは最小4本になります。

　　　② 動かすのは最小6本になります。

4 (1) 短針が「何時」，長針が「何分」を表すこと
　を早く身につけさせます。

(2) 何時の数が小さい順に答えます。

(3) まず，長針を先に考
　えます。

(4) 右の表の①～④のそ
　れぞれの和が答えにな
　ります。

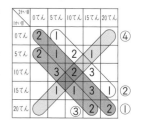

5 (1) ② 小さいカードが①のとき，大きいカー
　ドは④～⑥のどれか，小さいカードが②のと
　きも同様で，3＋3＝6（通り）

　　　③ 大きいカードが⑥のとき，小さいカードは
　②で，2番目に大きいカードは，3通りあり
　ます。大きいカードが⑤で，小さいカードが
　①のときも同様になり，3＋3＝6（通り）

(2) ① 各々の積み木の個数を数えて，全体の数
　（27個）からひくとわかりやすいです。

　　　② 積み木を真上から見た図を下に示します。
　回転してもよいことから，ⓤとⓚがあてはま
　ります。

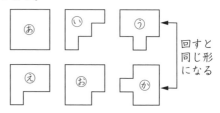

1 (1) ① 72　　② 12　　③ 88
　　　④ 38　　⑤ 38　　⑥ 22
　　(2) ① 35　　② 43　　③ 20
　　　④ 31

2 (1) 〔しき〕 5−2＝3, 5＋3＝8, 12−8＝4
　　　　　　　　　　　　　〔こたえ〕 4 まい
　　(2) 〔しき〕 6＋2＝8, 8＋3＝11,
　　　　　6＋8＋11＝25　〔こたえ〕 25 こ
　　(3) 〔しき〕 33＋8＝41, 33＋41＋24＝98
　　　　　　　　　　　　　〔こたえ〕 98 ページ

3 (1)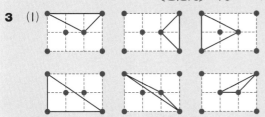
　　(2) ① （れい）　　② （れい）
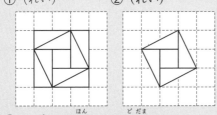

4 (1) ① ひご…12本, ねん土玉…8 こ
　　　② ひご…8本, ねん土玉…4 こ
　　　③ ひご…36本, ねん土玉…20 こ
　　(2) （れいを しめす）
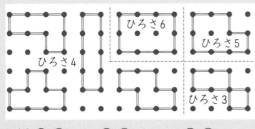

5 (1) ① え　　② あ　　③ え
　　(2) ① えと　お　　② 3くみ
　　　③ 2くみ

解き方

1 (2) 逆算の式を下に示します。
　　① □＝51−16　　② □＝9＋34
　　③ □＝51−31　　④ □＝68−37

---

2 (1)　白の色紙…5−2＝3（枚）
　　　赤と白の色紙…5＋3＝8（枚）
　　　青の色紙…12−8＝4（枚）
　　(2)　はるなさん…6＋2＝8（個）
　　　かずえさん…8＋3＝11（個）
　　　3人の合計…6＋8＋11＝25（個）
　　(3)　今日のページ数…33＋8＝41（ページ）
　　　合計のページ数…33＋41＋24＝98（ページ）

3 (1)　合同な図形は同一とすることに注意します。
　　　なお，解答の6つの同一形を含めた三角の総数
　　　は，20個になります。
　　(2) ①　広さが，小さな真四角9枚分の真四角な
　　　ので，1辺が3になるように考えさせます
　　　（ただし，3×3＝9 は未習なので，3個ずつ
　　　積み上げて，3＋3＋3＝9 で真四角をイメー
　　　ジします）。解答以外にも多数別解があります。
　　　②　①の解答図をもとに考えます。角の4つの
　　　三角を取り除くと求められます。

4 (1)　さいころ1つと2つの形を比較して増加し
　　　た数を正しく数えます。③は規則性の利用です。
　　　③　ひご　12＋8＋8＋8＝36（本）
　　　　ねん土玉　8＋4＋4＋4＝20（個）
　　(2)　解答図中に，広さ4の別解を示しました。

5 (1)　右に，積み木の各段
　　　毎の数を表にしました。
　　　①　表より，え（○印）
　　　②　表より，あ（□印）
　　　③　表より，え（△印）

	あ	い	う	え
1段目	8	8	8	⑨
2段目	7	6	6	4
小計	⑮	14	14	13
3段目	1	3	2	2
合計	16	17	16	△15

　　(2)　組み合わせは，下のよ
　　　うに10通りあります。
　　　②　下の結果より，あとえ，いとう，うとお の
　　　3組があてはまります。
　　　③　いとえ…3＋7＝10, 5＋5＝10
　　　　えとお…5＋5＝10, 5＋5＝10

あとい	あとう	あとえ	あとお	いとう
2　7	3　6	3　4	4　7	3　7
4　7	6　5	5　8	4　5	6　4

いとえ	いとお	うとえ	うとお	えとお
3　5	4　8	4　4	5　7	5　5
5　7	4　4	7　5	6　2	5　5